Michaela Flick und Margareta Jäger

Futureskills for Leadership

Segel setzen für die Führungszukunft

1. Auflage

Haufe Group
Freiburg · München · Stuttgart

Bibliografische Information der Deutschen Nationalbibliothek

Die Deutsche Nationalbibliothek verzeichnet diese Publikation in der Deutschen Nationalbibliografie; detaillierte bibliografische Daten sind im Internet über http://dnb.dnb.de/ abrufbar.

Print:	ISBN 978-3-648-13872-4	Bestell-Nr. 10535-0001
ePub:	ISBN 978-3-648-13873-1	Bestell-Nr. 10535-0100
ePDF:	ISBN 978-3-648-13874-8	Bestell-Nr. 10535-0150

Michaela Flick und Margareta Jäger
Futureskills for Leadership
1. Auflage, August 2020

www.haufe.de
info@haufe.de

Bildnachweis (Cover): Arabelle Zimmermann, Instragram: @belles_lettering
Bildnachweis Zeichnungen im Innenteil: Michaela Flick

Produktmanagement: Bettina Noé
Lektorat: Helmut Haunreiter

Inhaltsverzeichnis

Für meinen Mann Mathias

Für meinen Sohn Julius

Vorwort der Autorinnen

Transformation und Digitalisierung verändern die Arbeitswelt heute und in Zukunft. Neue Geschäftsmodelle und Strukturen werden neue Formen der Zusammenarbeit schaffen – Netzwerkorganisationen, Team- oder Projektstrukturen. Doch eines wird bleiben: der Mensch als Mittelpunkt aller Organisationen. Der Mensch in der digitalen Welt braucht – verglichen mit den bisherig erforderlichen Qualifikationen – andere bzw. neue Fähigkeiten und Mindsets, die ihn erfolgreich machen und seine Karriere pushen. Führung wird noch stärker kulturprägend und beispielgebend sein. Wer zukünftig mitgestalten und erfolgreich sein will, braucht die **Futureskills** einer Führungskraft von heute und morgen.

Bereits das Cover unseres Buches ist ein Indikator dafür, dass wir mit diesem Buch unseren ganz eigenen Stil entwickelt haben, um die **Futureskills** for Leadership zu beschreiben. Unser großer Dank geht an dieser Stelle an **Arabelle Zimmermann**, die unseren Titel handgelettert hat – und an den Haufe Verlag, der sich hoch motiviert darauf eingelassen hat, mit uns Autorinnen den gemeinsamen Weg zu gehen! Vom Haufe-Team möchten wir zwei Personen unseren ganz besonderen Dank aussprechen – einmal unserer Produktmanagerin **Bettina Noé**, die uns immer mit Rat und Tat zur Seite stand. Und dann unserem Lektor **Helmut Haunreiter**, der uns mit enormer Fachkompetenz, positiver Akribie und seinem wundervollen Humor den Spiegel vorgehalten und unser Werk perfektioniert hat!

Wir haben uns in unserem Buch auf folgende acht **Futureskills** konzentriert, weil es – basierend auf unserer langjährigen Erfahrung – genau diese acht Bereiche und Kernkompetenzen sind, die eine gute Führungskraft kennen und beherrschen muss:

- Selbstmanagement,
- Kommunikation,
- Sichtbarkeit,
- Empathie,
- Fehlerkultur,
- Change und Transformation,
- Motivation und last but not least
- Coaching.

In diesem Buch wird Ihnen immer wieder einmal Thomas Michael Müller begegnen. Auch wenn Sie Thomas Michael Müller noch nicht kennen – wer er ist, erfahren Sie erst im folgenden Kapitel – geht an dieser Stelle schon einmal unser großes Dankeschön an **Mohamad Turko**, der unseren Thomas Michael Müller durch seine Bleistiftzeichnung so wunderbar visualisiert und zum Leben erweckt hat!

Jedes Kapitel ist gleich aufgebaut: Zunächst erklären wir, warum Führungskräfte von heute und morgen das jeweils beschriebene Futureskill kennen und beherrschen sollten, dann geben wir Ihnen einen Überblick über die wissenschaftlichen Hintergründe, erläutern anschließend konkrete Methoden und geben Ihnen Praxistipps. Am Ende eines jeden Kapitels finden Sie Interviews mit Führungskräften, die mit uns ihre Erfahrung und ihr Wissen in Bezug auf das jeweilige Thema teilen. Wir hatten die Ehre und das große Vergnügen, Interviews mit bekannten Größen und erfahrenen Führungskräften aus Deutschland, der Schweiz, Dänemark und den USA zu führen, die uns wertvolle Einblicke und Sichtweisen vermittelt haben. Unser großer Dank geht in diesem Zusammenhang vor allem an **Katharina Krentz**, die uns mit *Working out Loud* ihre Expertise zum Futureskill Sichtbarkeit vermitteln konnte und sich trotz stark gefüllter Terminkalender Zeit für uns genommen hat. Danke auch an die Führungsspitze der Deutschen Gesellschaft für Projektmanagement e.V., den Präsidenten **Prof. Dr. Helmut Klausing** und den Vizepräsidenten **Daniel Stumpf** für ihre wertvollen Gedanken und Einblicke. Ferner geht unser Dank an **Jessica Telschow** und **Frank Schallner** von Bosch, an den *Leadermacher* und Rockstar der deutschen Speaker-Szene **Lorenzo Scibetta**, an **Prof. Dr.-Ing. Annett Großmann** von der Hochschule Heilbronn, an **Anja Hemmersbach**, **Jens Apelt**, **Mirjam Weber**, **Alexander Herm**, **Jan Morgenstern**, **Bernd Kirchen, Thomas Mück** von der Würth Akademie – und, nicht zu vergessen, an unsere Führungskräfte aus der Schweiz und Dänemark **Frank Peplinski** und **Axel Manøe Jepsen**! Durch sie haben wir gelernt, wie in unseren Nachbarländern das Thema Führung verstanden wird. So muss sich eine Führungskraft in Dänemark beispielsweise viel mehr Respekt verdienen wie in Deutschland, denn die Dänen hinterfragen sehr viel, bevorzugen eine antiautoritäre Führung und wollen Führungskräfte, die sie überzeugen und mitreißen können, anstatt sie zu kontrollieren oder ihnen »Daumenschrauben« anzulegen!

Es war uns sehr wichtig, die acht Futureskills nicht nur aus der praktischen Perspektive heraus zu beleuchten, sondern Ihnen darüber hinaus auch die zugrunde liegenden wissenschaftlichen Ansätze zu vermitteln – und das auf eine möglichst spannende Weise. Jedes Futureskill steht und spricht für sich selbst – es obliegt Ihnen, liebe Leser, ob Sie unser Buch ganz klassisch von vorne beginnen oder mittendrin mit einem **Futureskill** Ihrer Wahl starten! Unsere Interviewpartner haben uns quasi als kleine Fingerübung alle acht **Futureskills** in die für sie priorisierte Reihenfolge gebracht – und das Ergebnis war für uns Autorinnen doch sehr überraschend! Die »Klassiker« Kommunikation, Selbstmanagement und Motivation rangierten mehrheitlich auf den ersten Plätzen, gefolgt von Empathie, Change und Transformation und Fehlerkultur. Interessanterweise bewegten sich (bis auf wenige Ausnahmen) Sichtbarkeit und Coaching eher auf den letzten Plätzen. Das führte bei uns zu der Frage, an was das liegen könnte, denn nach unserer Erfahrung sind es gerade Sichtbarkeit und Coaching, die es verdienen, thematisiert zu werden! Aber vielleicht ist Sichtbarkeit in der Tat bei Führungskräften noch nicht sichtbar genug und wird noch nicht wirklich wahrgenommen ... Und Coaching trägt leider noch immer ein gewisses Stigma. Seien Sie also neugierig darauf, was sich wirklich hinter diesen beiden **Futureskills** verbirgt!

Wir haben in unserem Buch absichtlich das Thema »Frauen und Leadership« nicht erwähnt, da die **Futureskills for Leadership** geschlechterunabhängig sind. Egal ob Frau oder Mann, jede Führungskraft wird in Zukunft etwas andere Skills brauchen als in der Vergangenheit. Trotzdem möchten wir an dieser Stelle kurz auf das Thema »Frauen in Führung« eingehen. Es wurde schon viel darüber gesprochen und geschrieben, ob eine Frauenquote, firmenseitige Aktionen und spezielle Mentoring-Programme mehr Frauen in die Führung bringen. Doch was entscheidet letztendlich über eine erfolgreiche Karriere als Führungskraft? Warren Buffet sagte dazu: »*Ob du erfolgreich bist, oder nicht, entscheidet, welchen Partner du wählst ...*« und er meinte damit tatsächlich den privaten Partner. Denn, »*was im Kleinen nicht ist, kann im Großen nicht sein*« (Margareta Jäger). Nur mit der Unterstützung durch den eigenen Partner, der den Rücken freihält, immer wieder ermutigt und bestärkt, sind große (Führungs-)Karrieren möglich. Frauen können die Rolle des Supporters hervorragend, wie die Dankesreden vieler erfolgreicher Männer in der ganzen Welt immer wieder zeigen. Viele Männer haben jedoch, was das anbelangt, hier noch erheblichen Lernbedarf. Es besteht aber Hoffnung, denn die Männer der Generationen Y und Z sind sehr partnerschaftlich und mit den Frauen auf Augenhöhe unterwegs. Nun bleibt nur noch zu wünschen, und die Zeichen stehen gut, dass die Frauen der jüngeren Generation ihre Führungskarriere realisieren können, obwohl sie die Kinder zur Welt bringen. Deshalb engagieren wir uns insbesondere auch für Frauen, die in Führung gehen wollen. Margareta Jäger, Gründungsmitglied der **Führungsfrauen Raum Heilbronn e.V.**, unterstützt als Mentorin an der **Hochschule Heilbronn** Frauen jeden

Alters. Michaela Flick ist Projektmanagement-Fachfrau Level D und Delegierte der **Deutschen Gesellschaft für Projektmanagement e.V.** für das Bundesland Rheinland-Pfalz. Sie unterstützt und trainiert junge und jung gebliebene, erfahrene sowie angehende Projektmanagerinnen und Projektmanager in ihrem Tun.

Dieses Buch ist auch Grundlage unseres Trainingsprogramms **Futureskill Island**, das alle acht **Futureskills** thematisiert und Führungskräftetrainings zu allen Bereichen im Rahmen von individuellen Formaten und Gruppentrainings beinhaltet.

Da ein Buchprojekt wie dieses ein großes Unterfangen ist, das einerseits unglaublich viel Spaß macht und spannend ist, aber andererseits natürlich auch viel Zeit in Anspruch nimmt, gebührt unser Dank den Menschen unseres »*inner circles*«, die uns zur Seite gestanden sind – **Mathias Flick** für seine Unterstützung als Fachpromotor, **Susann Göb** dafür, dass sie uns immer als »Sparringspartnerin« zur Verfügung gestanden hat, den Kollegen von der **IPS Akademie** und **Ingrid Jäger** dafür, uns den Rücken freigehalten und sich um das Tagesgeschäft sowohl bei IPS als auch bei Jäger & Jäger gekümmert zu haben. Und ein extra Dank an **Julius Maisch**, unseren jungen Abiturienten der Generation Z, der uns dabei unterstützt hat, unseren Traum vom eigenen Buch Wirklichkeit werden zu lassen!

Ihre Autorinnen
Michaela Flick & Margareta Jäger

Wer bitteschön ist Thomas Michael Müller?

Unsere Führungskraft Thomas Michael Müller begleitet Sie durch die einzelnen **Futureskills**. Obwohl es sich bei ihm um eine fiktive Person handelt, könnte er durchaus ein ganz lebendiger Mensch sein – er beschäftigt sich mit all den Dingen, mit denen sich die meisten seiner realen Kollegen ebenso auseinandersetzen müssen. Insofern ist auch sein Name kein Zufall: Wir haben ihn ganz bewusst gewählt – denn laut Statistik sind »Thomas« und »Michael« die in Deutschland häufigsten Namen von Männern in Führungspositionen und »Müller« stellt einfach sinnbildlich einen hierzulande sehr typischen Nachnamen dar.

Abb. 1: *Führungskraft Thomas Michael Müller (gezeichnet von Mohamad Turko)*

Thomas Michael Müller ist 40 Jahre alt, verheiratet mit Patricia und Vater von Sophie und Leon. Er arbeitet als Projektmanager bei einem mittelständischen Unternehmen in der Werbemittelbranche. Sein BWL-Studium hat Thomas Michael Müller z. T. im Ausland absolviert, er ist international unterwegs, interkulturell bewandert, spricht verhandlungssicheres Englisch, kennt die Welt und hat Stil.

Als 1980 Geborener gehört Thomas Michael Müller der »Generation Y« an – auch »Generation Why« genannt, weil Vertreter dieser Generation viel hinterfragen, ein hohes Bildungsniveau haben, sich sehr mit Projektmanagement identifizieren und durch den Internetboom und die Globalisierung wahre »Digital Natives« sind. Als Berufstätige schätzen Gen Y'ler flache Hierarchien, sind sehr leistungsbezogen, aber leben und arbeiten nach dem Motto: »Work smart, not hard!« und bevorzugen ein Work-Life-Blending anstelle der vielgerühmten Work-Life-Balance.

Selbstreflexion ist für Thomas Michael Müller als typischem Vertreter seiner Generation selbstverständlich. Gerade über das Thema Führung denkt Thomas Michael Müller oft nach, vor allem, weil er seit ca. 2 Jahren fünf Mitarbeiter als Direct Leads unter sich hat. Vor Kurzem war er auf einem Seminar für Führungskräfte, das ihn aber so gar nicht begeistern konnte. Seiner Meinung nach ist Führung immer noch zu alt. Thomas Michael Müller sieht es an seinem eigenen Chef: Da wird nach oben gebuckelt und nach unten getreten – er ist nicht wirklich ein Vorbild als Führungskraft. Für Thomas Michael Müller selbst funktioniert Führung im Prinzip ganz gut. Sein Team ist erfolgreich, alle sind gut eingespielt und kommen miteinander klar. Eigentlich müsste Thomas Michael Müller zufrieden sein – aber er ist es nicht! Er möchte sich intensiv mit dem Thema Führung auseinandersetzen, um darin besser zu werden. Thomas Michael Müller will auf der Karriereleiter nach oben und in den nächsten 2 Jahren den nächsten Karriereschritt machen – mit 30 bis 40 Direct Leads unter ihm. Aber er ahnt, dass er für sich den Begriff Führung ganz neu definieren muss. Eine Potenzialanalyse soll ihm weiterhelfen und die Bereiche näher beleuchten, die für die Führungskraft von heute (und vor allem: von morgen!) einfach dazugehören. Thomas Michael Müller will die **Futureskills for Leadership** *(kennen-)lernen, die er als Führungskraft braucht, um Segel zu setzen für seine Führungszukunft.*

1 Selbstmanagement

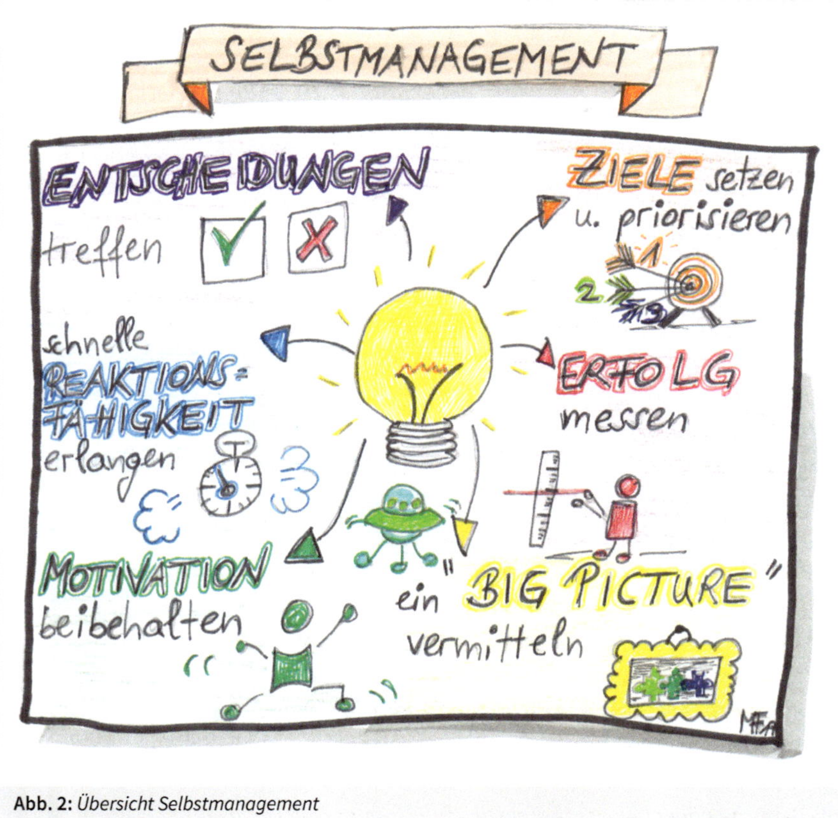

Abb. 2: *Übersicht Selbstmanagement*

1.1 Einführung

1.1.1 Rahmenhandlung

In der Firma von Thomas Michael Müller wurde vor einem knappen halben Jahr ein neuer Bereichsleiter eingestellt. Und dieser Neue ist so ganz anders als alle anderen Führungskräfte in der Firma – Thomas Michael Müller eingeschlossen. Der Neue schwört auf sein selbstorganisiertes Team, spricht sich für Agilität im Unternehmen aus – und ist viel in sozialen Netzwerken unterwegs, agiert sehr kommunikativ und lässt seinem Team ziemlich freie Hand. Der neue Bereichsleiter ist ein Fan von flexiblen Arbeitszeiten, pflegt einen ganz anderen Führungsstil als viele andere Führungskräfte im Unternehmen und für seine Mitarbeiter hat er immer eine offene Tür. Grund genug für Thomas Michael Müller, sich mit dem Futureskill ***Selbstmanagement*** *auseinanderzusetzen …*

Thomas Michael Müller ist für die Mittagspause mit einem Kollegen zum Essen verabredet. Das hat er sich vom Neuen bereits abgeschaut. Irgendwie kennt der jeden, obwohl er noch gar nicht so lange an Bord ist. Als Thomas Michael Müller auch mal mit ihm beim Essen war, hatte dieser ihm das mit dem »Never lunch alone«-Prinzip erklärt. Und seitdem verabredet sich Thomas Michael Müller auch regelmäßig zum Essen. Am Anfang war er ganz begeistert – bis zum ersten Reflexionstreffen mit seiner Waage. Sie reflektierte, ihn traf es.

In der Mittagspause sitzt Thomas Michael Müller mit einem Kollegen beim Italiener. Als der Kellner kommt und fragt, was sie gerne bestellen möchten, antwortet Thomas Michael Müller: »Eine große Flasche Mineralwasser ohne Kohlensäure, den großen italienischen Salat mit Rindfleischstreifen und Balsamico-Dressing und danach bitte einen doppelten Espresso.« Der Kellner schaut seinen Kollegen an und fragt diesen nach seiner Bestellung. Die Antwort des Kollegen: »Irgendetwas, bitte.« Der Kellner versteht nicht so richtig und fragt nach. »Ich weiß es nicht, irgendetwas bitte.« Thomas Michael Müller ist erst sprachlos ob dieser absolut nicht aussagekräftigen Bestellung des Kollegen und dann neugierig: Was der Kellner wohl bringen wird? Was weg muss, das Teuerste auf der Karte oder gar nichts?

1.1.2 Warum dieses Futureskill

Wir betrachten die Digitalisierung und das Internet heute als größte Veränderung der Arbeitswelt, letztendlich wird diese aber nur ein Auslöser für die Veränderung des menschlichen Handelns sein. Heute und zukünftig wird der Mensch als Entscheider mit kreativem Potenzial und nicht mehr nur als Ausführender im Mittelpunkt stehen. *»Zum ersten Mal müssen sie [die Menschen] sich selbst managen. Und darauf ist unsere heutige Gesellschaft in keiner Weise vorbereitet«* (Peter Drucker). Führungskräfte müssen sich selbst führen können, bevor sie andere führen.

Das Futureskill Selbstmanagement beinhaltet somit die eigenverantwortliche Gestaltung der persönlichen und strategischen Karriereplanung, unabhängig von äußeren Bestimmungen. Selbstführung, Selbstmotivation und Selbstverantwortung sind die drei Aspekte des Selbstmanagements, die Führungskräfte und Mitarbeiter zukünftig mitbringen sollten. In ihrer Rolle als Vorbild verfügen Führungskräfte über Selbstmanagement Skills und als erfolgreicher Leader versetzen sie ihre Mitarbeiter in die Lage, Selbstmanagement zu entwickeln und umzusetzen.

Für Organisationen in heutigen zunehmend »agilen« Zeiten ist Selbstmanagement die Grundlage für Selbstverantwortung, d. h., Unternehmen müssen Selbstmanagement ermöglichen und explizit lehren, was genau darunter zu verstehen ist und wie es funktionieren kann bzw. soll. Hierbei geht es längst nicht mehr um das bloße Befolgen von Befehlen oder Anweisungen einer hierarchisch höhergestellten Person, sondern darum, mit den in agilen Zeiten typischen, spontan auftretenden und immer wieder neuen Situationen, die der Arbeitsalltag zu bieten hat, umgehen zu lernen. Der stetige Konflikt im Arbeitsalltag zwischen Systemen und Prozessen führt dazu, dass es immer wieder Neues und Unvorhersehbares gibt, auf das sowohl Mitarbeiter als auch Führungskräfte reagieren müssen. Reagieren bedeutet in diesem Zusammenhang, Entscheidungen zu treffen – lokal und autonom. Doch gerade dies ist häufig alles andere als leicht. Führungskräfte müssen Selbstregulierungskräfte entwickeln und ihre Mitarbeiter überhaupt erst einmal in die Lage versetzen, selbstorganisiert zu agieren, um sich selbst zu managen. Um jedoch erfolgreiches Selbstmanagement zu erlernen und anzuwenden, braucht es eine Kultur der Verständigungsbereitschaft auf allen Ebenen, und Führungskräfte brauchen das Futureskill, um ihren Mitarbeitern effizient zu vermitteln, worin die Leistungen der Organisation bestehen. Das heißt, die Führungskraft muss bei allen für Klarheit im Hinblick darauf sorgen, was als gute oder als nicht akzeptable Leistung definiert wird. Um das zu schaffen, muss die Führungskraft selbst fit sein in Selbstmanagement, damit sie ein gutes Vorbild sein kann. Die Führungskraft muss ihren Mitarbeitern einen Rahmen vorgeben, in dem sie sich bewegen dürfen und sollen.

Können (und vor allem: dürfen!) sowohl Führungskräfte als auch Mitarbeiter sich selbst managen, sind sie motiviert, im Sinne des Unternehmens zu denken und zu handeln. Sie identifizieren sich stärker mit dem Unternehmen und bringen sich aktiv ein. Mehr Freiraum beim Treffen von Entscheidung führt konsequenterweise zu langfristigen Erfolgen aufseiten der Organisation – und ist das Unternehmen erfolgreich, macht es auch mehr Spaß, für einen solchen Arbeitgeber zu arbeiten! Selbstorganisierte Teams, die Selbstmanagement beherrschen und sich nicht scheuen, Verantwortung zu übernehmen und mitzudenken, sind schlussendlich auch reaktionsfähiger – ein Vorteil in Zeiten agilen Arbeitens, in denen festgelegte Strategien von heute bereits morgen überholt sein können und nicht mehr funktionieren. Wenn Führungskräfte und ihre Mitarbeiter jedoch selbstorganisiert agieren und sich selbst managen, macht es sie nicht nur reaktions-, sondern auch entscheidungsfähiger.

Mitarbeiter sollen als eigenverantwortliche, voll erwachsene Menschen in Unternehmen fungieren, die Organisationen unterstützen, mit Motivation und Freude am Tun ihren Aufgaben nachgehen und mitdenken. Die Routinetätigkeiten werden zukünftig mehr und mehr von Maschinen übernommen. Mitarbeiter müssen sich selbst managen, weil die Zeiten vorbei sind, zu denen es detaillierte Vorgaben gibt. *Social Loafing*, also das sogenannte »soziale Faulenzen«, bei dem sich Mitarbeiter absichtlich oder unabsichtlich zurücknehmen oder gar zurücklehnen, um Kollegen die Arbeit machen zu lassen, führt früher oder später zum Rauswurf, da Unternehmen mit zunehmend agilem Mindset dieses Verhalten nicht mehr billigen. Je selbstorganisierter eine Organisation wird, desto weniger wird Inflexibilität und Ineffizient toleriert.

1.2 Wissenschaftlicher Bezug

Das menschliche Gehirn wird heute als ein dynamisches, selbstorganisiertes System verstanden. Man geht nicht mehr davon aus, dass einzelne Kompetenzen von isolierten Zentren gesteuert werden, sondern durch Systeme, die aus mehreren untereinander verbundenen Gehirnabschnitten bestehen (Neurowissenschaftler Damasio, 1994, S. 40). Vereinfacht gesagt, organisiert sich das Gehirn nach dem Prinzip und dem Ziel der Maximierung des psychologischen Wohlbefindens (Koukkou und Lehmann, 1998b, S. 289). Erfahrungen werden im Gehirn mit einer Bewertung gespeichert und für das weitere Verhalten benutzt. Das Gehirn organisiert sich selbst und sein Verhalten sozusagen auf Basis der eigenen Biografie (1998b, S. 169). Das Gedächtnis und somit die Grundlage für weiteres Verhalten auf neuronaler Ebene entsteht nach Hebb durch die Übertragung von Informationen zwischen den Synapsen im Gehirn. »*Cells that fire together, wire together*« – bedeutet auch, je öfter die gleichen Synapsen benutzt werden, desto höher ist ihre Übertragungsbereitschaft.

Im übertragenen Sinne könnte man die Synapsen, die sehr häufig verwendet werden, mit einer **Autobahn** vergleichen – gut ausgebaut und schnell zu befahren. Synapsen, die jedoch kaum verwendet werden, gleichen eher einem wildbewachsenen Dschungelpfad, durch den man sich schwer seinen Weg bahnen muss. Der erste Weg zu einem erfolgreichen Selbstmanagement ist es, vorhandene Autobahnen, die ein negatives Verhaltens- bzw. Denkmuster beinhalten, zukünftig absichtlich nicht mehr zu benutzen (alte Muster zu verlernen) und dafür den mühsameren Dschungelpfad zu wählen, so oft und so lange, bis dieser zu einer Autobahn ausgebaut ist.

Ein automatisiert auftretender Gedanke, beispielsweise pessimistische oder negative Einschätzungen eines Situationsverlaufs, kann durch das aktive selbstständige sich Bewusstmachen alternativer Möglichkeiten und die Fokussierung auf diese bei wiederholter Anwendung neue Synapsenverbindungen schaffen. Oft genug wiederholt – die Forschung (Kanfer, 2012) geht hier von einem Zeitraum von mindestens drei Monaten bis zu neun Monaten aus — entsteht somit eine neue »positive« Autobahn und zukünftiges Denken findet seinen Weg automatisch im positiveren Bereich, da hier die Synapsen eine höhere Übertragungsgeschwindigkeit entwickelt haben.

Die Neurowissenschaft besagt aber auch, dass für unsere Handlungen **Gefühle** eine entscheidende Rolle spielen. Gefühle sind, neurowissenschaftlich betrachtet, konzentrierte Erfahrungen, ohne die vernünftiges Handeln unmöglich ist. Wer nicht fühlt, kann auch nicht vernünftig entscheiden oder handeln (Roth 1996, S. 212). Ganz genau beschreibt Damasio den Zusammenhang von Gefühlen und Gehirn: Bei einer Emotion senden bestimmte Gehirnregionen nicht nur Befehle an andere Hirngebiete, sondern an fast jeden Ort des übrigen Körpers. Die Befehle werden auf zwei Wegen übertragen. Der eine ist die Blutbahn, wo die Übertragung durch chemische Moleküle erfolgt, die auf die Rezeptoren von Zellen im Körpergewebe einwirken. Den anderen Weg bilden Nervenzellbahnen, die auf andere Neuronen, Muskelfasern oder Organe einwirken, die ihrerseits chemische Stoffe in die Blutbahn abgeben können. Das Ergebnis dieser konzentrierten chemischen und neuronalen Kommandos ist eine globale Veränderung im Zustand des Organismus (Damasio, 2001, A.87). Somit sind alle Erfahrungen, die ein Mensch im Laufe seines Lebens macht, in seinem emotionalen Erfahrungsgedächtnis gespeichert. Dieses gefüllte Erfahrungsgedächtnis teilt sich über emotionale und physiologische Signale mit: **die somatischen Marker**. Jede Erfahrung wird mit einer positiven (»wieder machen«) oder negativen (»künftig vermeiden«) Bewertung abgespeichert. Die Wahrnehmung der somatischen Marker erfolgt bei jedem Menschen sehr unterschiedlich: als Körperempfindung (z. B. angehobene Mundwinkel), als Emotion (z. B. Neugier) oder als Ereignis im Kopf (z. B. Aha-Erlebnis).

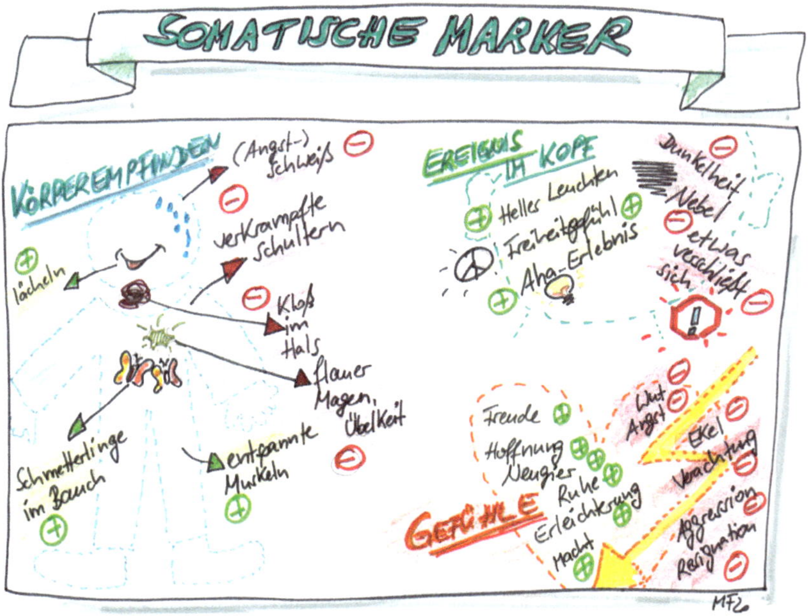

Abb. 3: *Somatische Marker*

Wie können wir diese Erkenntnis für die Entwicklung des Selbstmanagements nutzen? Das Züricher Ressourcenmodell (Maja Storch, Frank Krause) verwendet zur Entwicklung von Selbstmanagement den bewussten Einsatz von somatischen Markern. Dieses Modell lenkt die Aufmerksamkeit auf das Erlebnis, das eine bestimmte Handlung nach sich ziehen könnte. Es gibt zwei mögliche Ansätze: Der Einsatz von negativen somatischen Markern (z. B. zitternde Knie) schützt vor automatisierten negativen Handlungen und wirkt wie ein automatisches Signal, um sich auf andere Handlungsalternativen zu fokussieren. Der positive somatische Marker (z. B. Erleichterung) verstärkt das persönliche Motivationssystem und die emotionale Aufnahmebereitschaft.

Somatische Marker können somit als Hilfsmittel im Rahmen des Selbstmanagements verwendet werden. Doch nicht jeder Mensch weiß um somatische Marker oder nimmt sie bewusst gar nicht wahr. Diesen Menschen ist nicht bewusst, dass es sich bei bestimmten körperlichen Reaktionen um einen somatischen Marker handelt. Sowohl das Sich-bewusst-Machen als auch die Wahrnehmung der somatischen Marker kann man jedoch trainieren. Um einen positiven somatischen Marker beispielsweise auszulösen, genügt es, sich eine positiv erlebte Situation vorzustellen und diese dann als Motivationshilfe zu nutzen. Auch in diesem Fall kann nur durch wiederholtes Anwenden dieser Technik die Fähigkeit erlernt werden, den Marker auszulösen.

Ein Beispiel mit Thomas Michael Müller zum Thema »Somatische Marker«

Thomas Michael Müller begegnet auf dem Gang seinem Vorgesetzten, der ihn jedoch nicht grüßt. Bei Thomas Michael Müller löst dies einen negativen somatischen Marker aus (Ärger oder Enttäuschung). Ist Thomas Michael Müller in der Lage, seinen negativen somatischen Marker bewusst wahrzunehmen, kann er diesen als Signal verwenden, um über weitere Alternativen nachzudenken. Eventuell hat sein Vorgesetzter ihn nicht gesehen, war in Gedanken oder hatte sonst einen Grund, der mit ihm persönlich nichts zu tun hat. Nachdem er sich an die gemeinsamen Gespräche mit seinem Vorgesetzten erinnert (positiver somatischer Marker) und feststellt, dass er ein gutes Verhältnis zu seinem Vorgesetzten hat, kann er rational darüber entscheiden, wie hoch die Wahrscheinlichkeit ist, dass der Vorgesetzte ihn absichtlich nicht gegrüßt hat.

Unsere Gesellschaft, so wie wir sie im heutigen Berufskontext kennen, ist innerhalb von ca. 150 Jahren entstanden. Wir hatten zunächst die Situation, dass es viele identische Aufgaben gab und nur sehr wenige Spezialisten benötigt wurden. Im 19. Jahrhundert entwickelte Frederick Winslow Taylor das System der Gewaltenteilung zwischen Arbeitern und Führung, d. h. die Führungskraft gab Befehle und der Arbeiter führte diese aus. Damals ein wunderbarer Ansatz, der eine Leistungssteigerungen zur Folge hatte. Dank des **Taylorismus** war es Ford z. B. erst möglich, Kraftfahrzeuge für die Massen zu produzieren. Allerdings gab es auch eine Schattenseite dieser industriellen Entwicklung – die Arbeiter wurden von der Arbeit entfremdet und brauchten immer mehr Kontrolle durch die Führungskraft, weil nie das große Ganze im Blick war und die einzelnen Arbeitsschritte zunehmend monotoner wurden. Weniger Spaß am Tun erforderte mehr und noch mehr Kontrolle durch die Führungsriege – ein wahrer Teufelskreis. Mit zunehmender Industrialisierung gab es immer mehr Spezialisten und damit einhergehend eine immer größere Vielzahl an unterschiedlichen Aufgaben. Ein Merkmal der neuen Organisation, die im Zuge der Industrialisierung entstand: Jetzt kam es auf (Fach-) Wissen an, der Kommunikationsbedarf wuchs und die Mehrzahl aller industriellen Prozesse wurde wesentlich komplexer.

In Zeiten der Digitalisierung stehen wir heute ganz woanders und sind bereits einige Schritte weiter. Globalisierung und digitale Transformation stellen uns vor immer neue Herausforderungen – mit allen damit verbundenen Risiken und Chancen! Deshalb erfordern heute die meisten Aufgaben ein aktives Mitdenken, denn ohne mitdenkende, planende Mitarbeiter riskiert ein Unternehmen, dass die Erledigung der Aufgaben scheitert – und ohne Selbstmanagement wird genau das passieren. Durch Selbstmanagement entstehen Prozesse, die dafür sorgen, dass ein System Ordnung bekommt und diese auch aufrechterhält.

1.3 Praxisbezug

1.3.1 Methoden und Umsetzung

Selbstmanagement ist kein Zeitmanagement – denn Zeit kann, streng betrachtet, nicht gemanagt werden! Wir bekommen jeden Tag 24 neue Stunden frei Haus geliefert, egal, ob mit oder ohne Management. Allerdings müssen wir unsere eigene Arbeitsweise managen und entscheiden, wie wir diese täglich neuen 24 Stunden mit Leben füllen! Für eine Führungskraft in selbstorganisierten Teams gibt es keine klassischen Führungsaufgaben, wie wir sie von früher kennen. Teammitglieder übernehmen jetzt Aufgaben, die vormals typischerweise von der Führungskraft besetzt waren. Das bedeutet im Umkehrschluss aber auch, dass die Führungskräfte umdenken müssen.

Um das Team darin zu unterstützen, sich selbst zu managen, Verantwortung zu übernehmen und dem Arbeitstag Struktur zu geben, müssen Sie als Führungskraft Ihren Mitarbeitern (und sich selbst) eine Balance zwischen Hochleistung und Entspannung ermöglichen. Das bedeutet, klar zwischen Aufgaben und Terminen zu differenzieren – und dem Multitasking ein Ende zu setzen. Denn viele Dinge anzufangen, an allen Ecken immer ein bisschen zu machen und sich am Ende dabei zu verzetteln ist nicht die Lösung! Empfehlenswert ist es, analoge Arbeitsweisen mit digitalen/elektronischen Arbeitsweisen zu kombinieren und auf dem aufzubauen, was für Sie und Ihr Team bereits besonders gut funktioniert und sich etabliert hat.

Priming oder der Priming Effekt – der auf neurowissenschaftlichen Erkenntnissen beruht – ist als Methode der psychologischen Beeinflussung schon seit Jahren bekannt und in der Wissenschaft anerkannt, es gibt sogar eine eigene Priming-Forschung (als Teilbereich der Psychologie). Entsprechend gibt es zum Priming zahlreiche Studien, Experimente und wissenschaftliche Beiträge.

Psychologische Beeinflussung hört sich für die meisten eher negativ an, doch wird diese Methode von weltbekannten Coaches im Sport ebenso erfolgreich eingesetzt wie im Marketing oder von psychologisch geschulten Führungskräften.

Was ist oder wie funktioniert Priming? Durch gewisse Reize – in Form von Wörtern, Bildern, Gerüchen etc. wird das Gehirn assoziativ aktiviert und der Mensch reagiert – je nach Art des Reizes – unbewusst mit einem bestimmten Verhalten oder mit entsprechenden Entscheidungen. Jeder Reiz (Prime) aktiviert bestimmte Prozesse und beeinflusst dadurch die Reaktion auf diesen Reiz. Priming findet i. d. R. im Unterbewusstsein statt und kann – muss aber nicht – unmittelbar erfolgen; seine Wirkung kann Stunden oder sogar Tage dauern.

Priming ist in vielen unterschiedlichen Bereichen einsetzbar – so kann es auch als eine sehr effektive und einfache Methode zur Verbesserung des persönlichen Selbstmanagements bewusst eingesetzt werden. Durch einen positiven Reiz kann beispielsweise eine Art positive Grundierung des Denkens erfolgen oder eine Art sanfter Druck in eine bestimmte (positive) Richtung zu denken oder zu handeln.

Beim affektiven Priming beispielsweise, resultiert der erste Reiz aus einem Gefühlzustand, in den man sich versetzt. Der Gefühlszustand »glücklich« (= positiv) könnte durch die bewusste Erinnerung an erfolgreiche berufliche Situationen erzeugt werde. Das Gehirn – entsprechend dem Priming-Effekt – wird eine positivere Entscheidung treffen als ohne diese bewusste Herbeiführung des »Glückszustandes«. Kurz gesagt nennt man diese Art des Primings: positive Affirmation.

Lässt sich Erfolg also tatsächlich primen? Stajkovic, Locke und Blair (2006, Universität Wisconsin) haben hierzu folgendes Experiment durchgeführt: Teilnehmer einer

Studie wurden aufgefordert, aus einzelnen Wörtern möglichst viele unterschiedliche Sätze zu bilden. Die eine Gruppe bekam hierzu positive Wörter wie »Erfolg«, »Wettkampf« usw.; die andere Gruppe erhielt dagegen neutrale Wörter wie »Lampe« oder »Schildkröte«. Im Anschluss mussten die Teilnehmer eine andere Aufgabe lösen, die unabhängig von der ersten Aufgabe war. Es stellte sich heraus, dass die Gruppe, die durch die positiven Wörter geprimt war, erheblich bessere Ergebnisse erzielte als die andere Gruppe.

Priming ist zur Entwicklung des persönlichen Selbstmanagements der Führungskraft ebenso zu empfehlen wie in der Interaktion mit Vorgesetzten und Mitarbeitern. Primen Sie sich selbst, indem Sie über Ihre konkreten Erfolge und über Ihre Stärken sprechen und darüber, welche Chancen Sie haben, Ihre Ziele zu erreichen. Ebenso kann Priming von der Führungskraft zur Weiterentwicklung der Mitarbeiter eingesetzt werden. Indem die Führungskraft mit ihrem Mitarbeiter über Erfolge, Stärken oder sein positives Selbstmanagement spricht, primt sie ihn positiv. Führungskräfte, die Priming als negative Manipulationsmethode einsetzen (was definitiv auch funktioniert) gibt es zwar, jedoch werden diese Führungskräfte über kurz oder lang ihre Mitarbeiter »verlieren« – zumindest emotional und in Bezug auf die Motivation. Die Führungskraft, die ihre Mitarbeiter weiterentwickelt und zum »Strahlen« bringt, wird langfristig das bessere Team führen und erfolgreicher sein.

1.3.2 Praxistipps

Setzen Sie vermehrt auf **horizontale Kommunikation** – also eine Kommunikation, die auf Augenhöhe stattfindet – anstelle von vertikaler Kommunikation und **treffen Sie klare Entscheidungen!** Hilfreich ist das Führen von zwei Entscheidungslisten. In die erste Liste tragen Sie die Entscheidungen ein, die das Team ohne Sie treffen darf. Das bedeutet natürlich auch, dass Sie als Führungskraft hier dem Team wirklich freie Hand lassen müssen – ohne Einmischung! In die zweite Liste tragen Sie die Entscheidungen ein, die Sie treffen, ohne das Team zu informieren oder einzubinden. Ein mittlerweile absoluter Klassiker zum Thema »Entscheidungen treffen«, den zumindest alle Führungskräfte kennen sollten, ist das Buch »The Big Five for Life« von John Strelecky. Um einen Einstieg zur persönlichen Weiterentwicklung zu finden, bietet dieser Bestseller einen ersten Impuls, der sich sowohl an Führungskräfte und Mitarbeiter als auch an Organisationen richtet: Man soll über den Zweck seiner eigenen Existenz oder den der Organisation nachdenken.

Üben Sie, Aufgaben und Ziele klar und eindeutig zu formulieren, damit sich alle Beteiligten darauf ausrichten und sich daran orientieren können. Sowohl Sie als Führungskraft als auch Ihr Team müssen dies immer wieder trainieren!

Die Geschichte von Thomas Michael Müller und seinem Besuch im Restaurant ist eine Metapher, die dazu anregen soll, darüber nachzudenken, wie wichtig es ist, Ziele zu formulieren bzw. welche zu haben. Sind Menschen mit Zielen tatsächlich erfolgreicher als solche ohne Ziele? Zahlreiche empirische Studien belegen dies. Die bekannteste Studie, mit der die Effizienz von Zielsetzung bewiesen wurde, führten Gary Latham und Gary Yukl durch. Wir haben die Studie mehrmals nachgestellt und experimentell getestet.

DIE ANLEITUNG ZUM EXPERIMENT:

Eine Liste mit 20 Anagrammen wird erstellt. Ein Anagramm ist ein Wort, dessen Buchstaben neu geordnet werden können, um ein anderes Wort zu bilden.
Aus Dame wird beispielsweise Made. Je nach Auswahl der Anagramme ist der Schwierigkeitsgrad der Liste unterschiedlich, sodass in einer Pilotstudie mit drei Testpersonen die durchschnittliche Zeit ermittelt wurde, wie viele Anagramme in einer bestimmten Zeit, beispielsweise in 5 Minuten, gelöst werden.
Für unsere Pilotstudie ergab dies einen Mittelwert von 15 gelösten Anagrammen in 5 Minuten.
Für die tatsächliche Durchführung des Experiments werden die Teilnehmer in 2 Gruppen eingeteilt. Allen Teilnehmern wird vorher an zwei Beispielen erläutert, was ein Anagramm ist. Die Teilnehmer der ersten Gruppe erhalten jeweils ein Blatt mit den 20 Anagrammen und der Aufgabe, in 5 Minuten »ihr Bestes zu geben«. Die Teilnehmer der zweiten Gruppe bekommen auch ein Blatt mit 20 Anagrammen und der Aufgabe »in 5 Minuten mindestens 15 Anagramme« zu lösen. Nach 2 ½ Minuten werden die Teilnehmer darüber informiert, dass noch die Hälfte der Zeit zur Verfügung steht.

Wie bei der Ursprungsstudie von Latham und Yukl, sind die Ergebnisse immer wieder eindeutig. Die zweite Gruppe ist erfolgreicher und löst deutlich mehr Anagramme als die erste Gruppe. Nach der Durchführung des Experiments waren in unserem Fall die Teilnehmer sehr überrascht, welche positiven Effekte das Formulieren von Zielen hat. Zielsetzung gehört zu den nützlichsten Tools, die Psychologen all jenen bieten können, die unbedingt etwas zu erledigen haben.

Machen Sie diese Übung doch einfach einmal mit Ihrem Team! Sie werden überrascht sein, wie stark sensibilisiert die Mitarbeiter anschließend für das Thema Zielsetzung sind. Danach gehen Sie und Ihr Team ganz anders mit Zielen um. Von vielen Probanden haben wir die Reaktion bekommen: *»Diese Übung war die nützlichste Übung, die wir je zum Thema Ziele vorgestellt bekommen und gemacht haben! Es bringt uns unglaublich weiter!«*

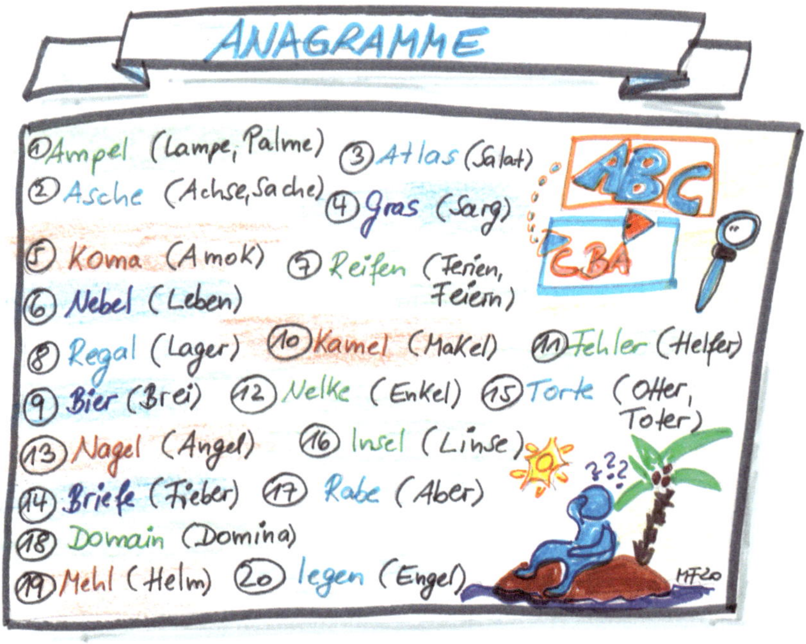

Abb. 4: *Anagramme (mit Lösungen)*

Ermöglichen Sie Ihren Mitarbeitern Zugriff auf alle Informationen im Unternehmen, die sie brauchen, um handlungsfähig zu sein. Wählen Sie die entsprechenden digitalen Medien und Tools aus, die Ihr Team und Sie selbst hierfür benötigen – und nehmen Sie sich Zeit, alle involvierten Personen umfangreich in der Bedienung der Medien und im Umgang mit Informationen zu schulen. **Machen Sie Ihr Team reaktionsfähig! Und sorgen Sie für Akzeptanz der neuen Tools …**

Klären Sie in Mitarbeitergesprächen, welcher Mitarbeiter welches Maß an Freiheit und Eigenverantwortung will bzw. braucht. Nicht für jeden Mitarbeiter ist es das höchste Gut, sich selbst zu managen und Verantwortung zu übernehmen! Bleiben

Sie im konsequenten Dialog und gestehen Sie Ihren Prozessen ein gesundes Maß an Agilität zu. **Machen Sie den Erfolg Ihres Teams – und des Einzelnen! – messbar!**

Im klassischen Projektmanagement werden die Erfolge eines jeden Arbeitspaketes messbar gemacht. Zum einen durch die Wahl der passenden Fortschrittsgrad-Messmethode, z. B. durch Mikromeilensteine oder die Statusschrittmethode. Zum anderen wird in einem Arbeitspaketstatusbericht der Fertigstellungsgrad in Prozent angegeben und durch eine Ampelgrafik visualisiert. Im agilen Projektmanagement (aber natürlich nicht nur da!) hilft ein Kanban-Board dabei, einen Überblick zu bekommen, wo ein (Entwicklungs-)Team gerade steht und welche sog. »Tasks« in Arbeit oder bereits erledigt sind. Auch so werden Erfolge messbar und helfen dabei, sich selbst zu managen. Gerade diese Kanban-Methode ist eine sehr einfache Herangehensweise, damit sich Mitarbeiter selbstorganisiert ihre Aufgaben »ziehen« können und die Führungskraft nicht mehr jedem Mitarbeiter sagen muss, was er zu tun hat. Ein Kanban-Board lässt sich sehr schnell und unkompliziert auf eine Metawand malen und mit Klebezetteln bestücken. Ihre Mitarbeiter sind dadurch selbstbestimmt, identifizieren sich viel mehr mit ihren Aufgaben und übernehmen Verantwortung.

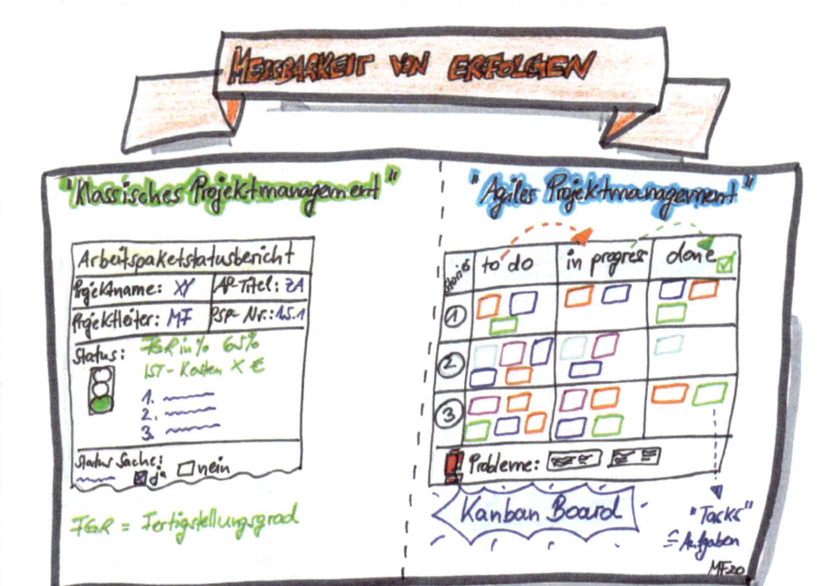

Abb. 5: *Messbarkeit von Erfolgen*

Hören Sie Ihren Mitarbeitern zu, geben Sie ihnen Rückendeckung und bauen Sie eine funktionierende Feedbackkultur in Ihrer Abteilung, in Ihrer Organisation auf. Feedback sollte als liebgewonnenes Ritual verstanden und von allen Beteiligten angenommen werden. Auch hier gilt natürlich der Grundsatz: Erst lehren, dann vorleben und üben, üben, üben. **Motivieren Sie Ihr Team und halten Sie diese Motivation aufrecht! Gehen Sie mit gutem Vorbild voran!**

Schaffen Sie Transparenz dafür, wer für welche Aufgaben verantwortlich ist, wer welche Befugnisse hat und wer für welchen Bereich als Hauptansprechpartner fungiert – und kommunizieren Sie dies auch ganz klar in der gesamten Organisation. Bringen Sie Ihrem Team die Zielsetzung des Unternehmens nahe und fördern Sie so unternehmerisches Denken und Handeln. **Zeigen Sie das »Big Picture« auf!**

Arbeiten Sie doch einmal mit einer Visionstafel (»*Visionboard*«), auf die Sie Bilder kleben von Dingen, die Ihnen wichtig sind und die Sie erreichen möchten – beruflich wie privat. Schreiben Sie, malen Sie: Visualisieren Sie! Und behalten Sie Ihre Visionstafel im Blick, denn Bilder sprechen eine starke Sprache.

Erstellen Sie für Ihr Team eine Roadmap und zeigen Sie sprichwörtlich den Weg auf, den das Team bisher zurückgelegt hat. Visualisieren Sie das Ziel, das es als Team zu erreichen gilt. Die Erstellung einer solchen Roadmap ist eine wunderbare Team-Aktivität mit »Nachbrenneffekt«. Natürlich eignen sich Roadmaps auch, um den Stand Ihres Projektes zu visualisieren, mögliche Hindernisse anzuzeigen, die auf dem Weg liegen und Klarheit zu schaffen, wo es hingehen muss.

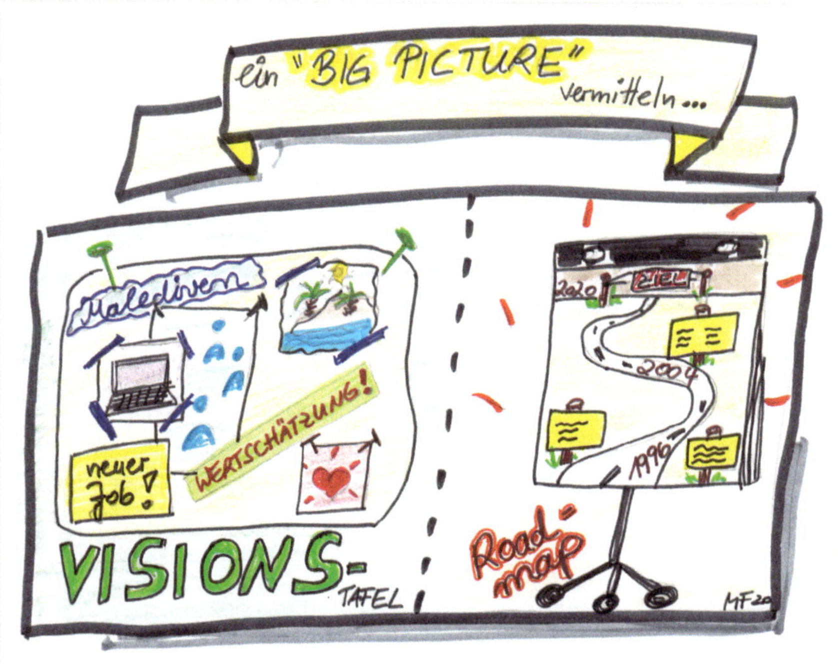

Abb. 6: *»Big Picture«*

1.3.3 Interviews mit Führungskräften

Jens Apelt

MF & MJ: *Was ist für Sie Selbstmanagement?*

JA: Selbstmanagement ist in erster Linie Disziplin (aber ich habe persönlich leider wenig davon ...). Deshalb diszipliniere ich mich mit Zielen! Konzernziele, persönliche Ziele, Ziele der Mitarbeiter. Zielsetzung ist ein ganz wichtiger Teil von Selbstmanagement. Es braucht dazu eine Vision! Etwas Abstraktes und dann muss es runtergebrochen werden. Meine Vorgehensweise: Extrinsische Motivation durch ambitionierte Ziele! Dann klappt es auch mit dem Selbstmanagement!

MF & MJ: *Rückblickend auf Ihre berufliche Entwicklung – wie haben sich Ihre Selbstmanagementfähigkeiten entwickelt?*

JA: In erster Linie haben mir andere Menschen bei meiner Persönlichkeitsentwicklung geholfen – und eben auch dabei, Selbstmanagement zu beherrschen bzw. beherrschen zu lernen.
Wenn man den höchsten Reifegrad eines Teams entwickelt hat, dann hat man selbstlernende Teams! Das habe ich jetzt bei Creos erreicht!
Es sind lauter unterschiedliche Typen – und da wird Selbstmanagement ganz individuell, und bei jedem braucht's was anderes.
Selbstmanagement geht nur in Verbindung mit anderen. Und je besser Selbstmanagement in einem Team funktioniert, desto weniger muss die Führungskraft eingreifen oder »reingrätschen«.

MF & MJ: Welche praktischen Tipps zum Futureskill Selbstmanagement können Sie empfehlen?

JA: Creos ist ein Energieversorger. Wir verkaufen Gas und wollen führend sein in der Region. Deshalb musste da ganz konkret drangegangen werden, dass wir Selbstmanagement für uns thematisieren. Mithilfe einer Balanced Scorecard wurde eine Strategie entwickelt. Jeder Abteilungsleiter muss sich überlegen, was sein Bereich zum Big Picture beitragen kann, will und wird! Wenn alle an einem Strang ziehen und ihre Skills in einen Topf werfen, dann klappt's und wir sind erfolgreich.
Mein praktischer Tipp ist also, konsequent an Selbstmanagement (und eben: an Disziplin) zu arbeiten, um sich weiterzuentwickeln. Außerdem hilft Coaching unglaublich viel, damit eine Führungskraft den richtigen Weg findet und sich selbst managen kann. Ich bin sehr reflektiert – manchmal zu reflektiert. Aber ohne Selbstreflexion geht's nicht im Selbstmanagement. Es braucht gute Strukturen, Ziele und Pläne. Agil funktioniert deshalb nur bedingt – besser ist tatsächlich eine sehr fundierte Planung. Agil gibt's nur in dem Start-up Unternehmen, das ich ins Leben gerufen habe – net4energy (https://www.net4energy.com) Aber da müssen sich die jungen Leute in der Tat auch selbst managen – klappt ganz gut!

Prof. Dr.-Ing. Annett Großmann

MF & MJ: *Was ist für Sie Selbstmanagement?*

AG: Führungskräfte haben häufig das Gefühl, sie müssten perfekt sein und sollten keine Schwächen oder Gefühle zeigen. Dazu kommt der hohe zeitliche Einsatz in Verbindung mit einer hohen Informationsdichte, die sie zu bewältigen haben, und der Notwendigkeit, oft und schnell entscheiden zu müssen. Dabei besteht die Gefahr, zum arbeitssüchtigen Workaholic zu werden, der überzogene Anforderungen an sich und andere stellt und im Laufe der Zeit einsam, misstrauisch wird und das Gefühl hat, von Nichtstuern und Miesmachern umgeben zu sein. Deshalb ist Selbstschutz und Selbstfürsorge sehr wichtig. Nur wer für sich selbst sorgt, ist auch eine gute Führungskraft und kann für andere Sorgen. Dafür muss man sich Zeit nehmen und das eigene Bewusstsein, gerne auch Achtsamkeit genannt, dafür schaffen. Nicht zu vergessen – es gibt auch ein Privatleben mit Familie, Hobbys, Entspannung sowie Sport und gesunde Ernährung. Und das begleitend zur beruflichen Laufbahn und nicht ein bisschen nebenher, wenn mal die Zeit dafür bleibt.

MF & MJ: *Rückblickend auf Ihre berufliche Entwicklung – wie haben sich Ihre Selbstmanagementfähigkeiten entwickelt?*

AG: Während meiner beruflichen Laufbahn habe ich irgendwie kontinuierlich immer mehr Dinge auf meinen »Teller« geladen, die ich dann organisieren musste. Gerade nach meiner Rückkehr aus Amerika hatte ich einen anspruchsvollen Fulltime-Job als Internationale Einkäuferin mit einem Team an Mitarbeitern. Und dann gibt es noch meine zwei Kinder und die Notwendigkeit einer zuverlässigen Kinderbetreuung für einen damals 3- und einen 5-Jährigen, bestehend aus Kindergarten und Au-pair, ein Haus mit Garten, natürlich einen Ehemann. Ich habe dabei immer konsequent delegiert und Verantwortung abgegeben, gerne an Mitarbeiter in der Firma, an das Au-pair, an eine Haushaltshilfe. Auch mein Mann und ich haben die Dinge fair aufteilt, sonst hätte es nicht funktioniert. Eine gute Organisation lebt davon, dass man gut plant und delegiert, aber auch Freiräume lässt für kurzfristige Änderungen. Inzwischen sind meine zwei Kinder fast erwachsen und sehr selbstständig. Meine Ehe ist intakt und meine Tätigkeit als Professorin macht mir sehr viel Spaß. Alle haben sich parallel weiterentwickelt und ich bin sehr stolz darauf.

Anja Hemmersbach

MF & MJ: *Was ist für Sie Selbstmanagement?*

AH: Selbstmanagement ist für mich das Verfolgen der eigenen Grundsätze und Ziele, die auf meiner langjährigen Erfahrung beruhen, jedoch trotzdem das Umfeld nicht außer Acht zu lassen und dieses zum Bestandteil meiner Pläne zu machen.

MF & MJ: *Rückblickend auf Ihre berufliche Entwicklung – wie haben sich Ihre Selbstmanagementfähigkeiten entwickelt?*

AH: Am meisten habe ich mich durch eigene Fehler, aber auch durch die Fehler anderer entwickelt. Aufmerksamkeit und Empathie sind dabei wichtige Faktoren gewesen. Selbstreflexion und eine offene Kommunikation haben dazu geführt, dass ich mich stetig weiterentwickelt habe. Aber auch eigene Standpunkte zu vertreten und mich nicht immer sofort der Meinung des nächsthöheren Vorgesetzen anzuschließen, ist ein wichtiger Faktor gewesen.

MF & MJ: *Welche praktischen Tipps zum Futureskill Selbstmanagement können Sie empfehlen?*

AH: Selbstreflexion, so schwierig es ist. Aber sich selber Fehler einzugestehen und an sich selbst zu arbeiten ist enorm wichtig. Bei jeder Entscheidung, die gravierende Auswirkungen hat, sich selbst zu hinterfragen und zu überlegen, ob man mit dieser Entscheidung wirklich sich selber treu bleibt und diese nicht nur trifft, um andere zufriedenzustellen. Sich ein Umfeld zu schaffen, in dem man sich wohlfühlt und dadurch auch mal Tiefschläge aushalten kann.

Alexander Herm

MF & MJ: *Was ist für Sie Selbstmanagement?*

ALH: Selbstmanagement ist für mich, mein Leben zu gestalten. Wann arbeite ich, wie arbeite ich, wieviel Zeit plane ich für Unvorhergesehenes ein, wann arbeite ich nicht, wie und mit wem gestalte ich diese arbeitsfreie Zeit?

MF & MJ: *Rückblickend auf Ihre berufliche Entwicklung – wie haben sich Ihre Selbstmanagementfähigkeiten entwickelt?*

ALH: Zu Beginn meiner beruflichen Karriere war ich stets fremdbestimmt; wann Termine fällig waren, welche Aufgaben ich zu erledigen hatte und wie ich mit meiner Zeit umzugehen habe. Mit der Zeit ist mir klargeworden, dass ich dauerhaft nur dann Höchstleistungen erbringen kann, wenn ich Herr meiner Zeit bleibe. Natürlich gibt es immer fremdgesteuerte Störungen, aber für die plane ich heute Zeit und Ressourcen ein.

MF +MJ: Welche praktischen Tipps zum Futureskill Selbstmanagement können Sie empfehlen?

ALH: Mir hat es geholfen, einen Businessplan für meine Karriere zu erstellen. Was möchte ich diesen Monat erreichen, was dieses Jahr, was innerhalb der nächsten 3 Jahre. Wenn ich weiß, was ich diesen Monat erreichen möchte, mache ich mir jeden Morgen einen Plan dafür, was heute zu tun ist und welche Störungen von außen kommen könnten. Manchmal funktioniert der Plan nicht und ich muss Aufgaben auf den nächsten Tag verschieben. Aber sehr oft gelingt es mir, extra Zeit für meine Mitarbeiter und für weitere Pläne zu haben, oder einfach mal für mich.

Mirjam Weber

MF & MJ: Was ist für Sie Selbstmanagement?

MW: Selbstmanagement ist für mich, fokussiert seine Energien einzusetzen. Das funktioniert, indem man sich auf Wichtiges konzentriert, zielorientiert arbeitet und sich und die eigenen Bedürfnisse ernst nimmt.

MF & MJ: Rückblickend auf Ihre berufliche Entwicklung – wie haben sich Ihre Selbstmanagementfähigkeiten entwickelt?

MW: Ich habe gelernt, Wichtiges von Unwichtigem zu unterscheiden. Allerdings gilt auch, die eigene Geschwindigkeit dem Prozess bzw. der Geschwindigkeit anderer anzupassen. Kritik oder Stolpersteine dürfen dabei nicht aus den Augen verloren werden. Ein wichtiger Bestandteil ist auch ein gutes Beziehungsgeflecht, ohne das selbst das effektivste Selbstmanagement scheitert.

MF & MJ: Welche praktischen Tipps zum Futureskill Selbstmanagement können Sie empfehlen?

MW: Wenn's brennt, das Atmen nicht vergessen. Innehalten, fokussieren, loslegen! Ein Tag hat 24 Stunden. Praktisch bedeutet dies, dass es darum geht, die Dinge zu tun, anzustoßen, welche die Zielrichtung verfolgen. Tag für Tag …

2 Kommunikation

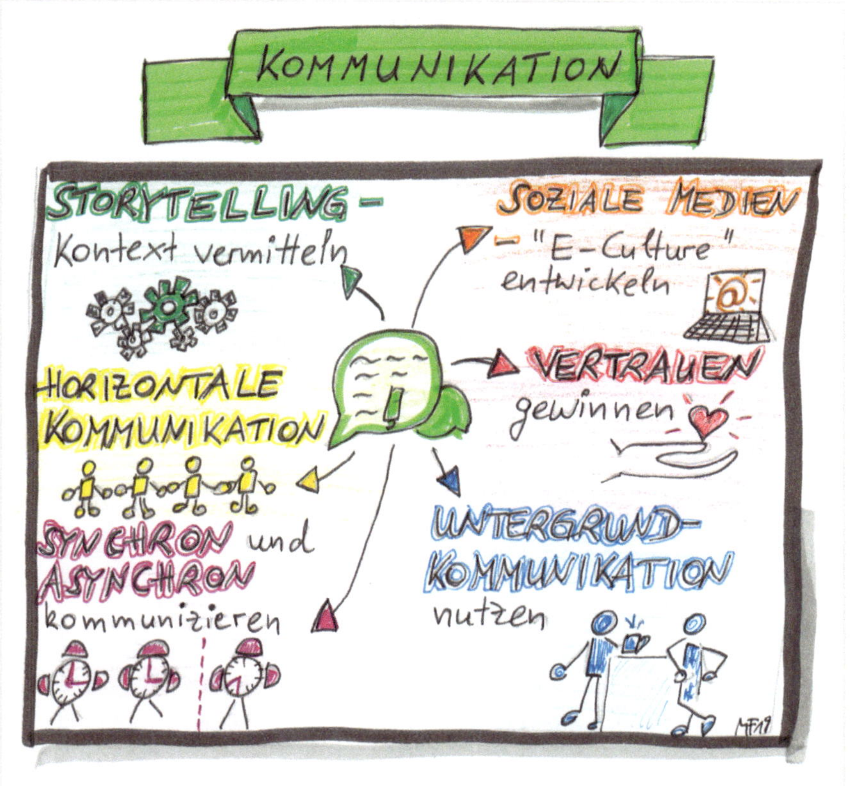

Abb. 7: *Übersicht Kommunikation*

2.1 Einführung

2.1.1 Rahmenhandlung

Thomas Michael Müller hat es schon in unzähligen Seminaren gehört und kann es im Schlaf herunterbeten: Man kann nicht nicht kommunizieren! Er kennt auch nahezu alle gängigen und viel gepredigten Kommunikationsmodelle – vom Eisberg- bis zum 4-Ohren-Modell, er hat sich mit Sender und Empfänger auseinandergesetzt und hat einiges zum Thema Körpersprache gelesen. So weit, so gut. In der Theorie sind wir schließlich alle sehr bewandert und wissen, worauf es ankommt. Aber im eigentlichen Tun sieht es oft mit der Kommunikation anders aus – gerade in Zeiten der Digitalisierung und virtuellen, sehr heterogenen, internationalen Teams. In der Firma von Thomas Michael Müller werden seit einiger Zeit sogenannte Kollaborationstools genutzt, damit alle Mitarbeiter und Projektteams an allen Standorten – von Stuttgart über Kiel bis nach Singapur – problemlos miteinander kommunizieren können. Online und offline, in Bild, Ton und Text. Das Problem ist nur – diese Tools werden gar nicht richtig angenommen – zumindest nicht von allen Mitarbeitern. Es bedurfte tragischerweise einer durch das Corona-Virus ausgelösten Pandemie, damit sich die digitale Transformation nach vorne bewegt und die Menschen gezwungen werden, remote vom Homeoffice aus zu arbeiten. Thomas Michael Müller hat dennoch so seine Zweifel, ob diese digitalen Tools das Gelbe vom Ei sind, denn wie der Flurfunk es so verbreitet, hat die Geschäftsleitung vollen Zugriff auf alle Chatprotokolle – auch auf diejenigen, die eigentlich in geschlossenen Gruppen stattfinden und nicht für die gesamte Belegschaft zugänglich sind. Das findet Thomas Michael Müller absolut uncool und für die Kommunikation innerhalb der Firma so gar nicht zuträglich. Das Vertrauen in diese Kollaborationstools ist zudem, wenn er sie als Führungskraft betrachtet, erschüttert und er scheut sich in der Tat, diese Tools aktiv zu nutzen. Zu viele Missverständnisse, zu viel Unsicherheit sind in der Unternehmenskommunikation zu finden. Damit ist Thomas Michael Müller extrem unzufrieden. Das muss doch auch anders gehen. Thomas Michael Müllers Frau Patricia sagt immer so passend: »Kommunikation ist das, was ankommt!« Und sie hat ja so recht! Aber – wie kann die Führungskraft von heute und morgen lernen, wirklich richtig zu kommunizieren? Zielgerichtet? Face to Face genauso wie online mit Kollaborationstools. Den richtigen Ton zu treffen und die richtigen Worte zu wählen – ***Kommunikation*** *ist die Königsdisziplin der* **Futureskills***!*

2.1.2 Warum dieses Futureskill

»*The art of communication is the language of leadership*« (James Humes). Bereits heute und insbesondere in Zukunft werden sich Führungskräfte an ihrer Kommunikation messen lassen müssen. Gerade in Veränderungsprozessen sind Führungskräfte stark gefordert. Je mehr digitales Equipment, räumliche Distanz oder eine unendliche Informationsflut den Arbeitsalltag bestimmen, umso entscheidender wird die Kommunikation der Führungskräfte sein, um Mitarbeiter zu erreichen.

Wir möchten an dieser Stelle auf die grundlegenden Voraussetzungen für gute Kommunikation eingehen. Es gibt Führungskräfte, die sind kommunikationstechnisch perfekt ausgebildet, haben an zahlreichen Trainings teilgenommen und kennen alle bekannten Kommunikationsmodelle. Sie schaffen es aber trotzdem nicht, »gut zu kommunizieren« – mit ihren Mitarbeitern, Kollegen oder Vorgesetzten. Warum das so ist, hängt maßgeblich an zwei Faktoren: dem **Mindset** und dem **Vertrauenslevel**, das zwischen Sender und Empfänger besteht.

Das Mindset ist die innere Haltung eines Menschen – sich selber, der Situation und anderen gegenüber. Carol Dweck, Professorin für Psychologie, benannte zwei unterschiedliche Arten von Mindsets: das **Growth Mindset** und das **Fixed Mindset**. Über ein Growth Mindset verfügen Menschen, die überzeugt sind, dass sie sich in jedem Bereich weiterentwickeln und verbessern können, Durchhaltevermögen besitzen, aus Fehlern lernen, inspiriert werden durch die Erfolge anderer und deren Einstellung und Einsatz für ihren persönlichen Erfolg ausschlaggebend sind. Ein Fixed Mindset beschreibt Menschen, die glauben, dass ihre Talente festgeschrieben sind und sich nicht ändern lassen, die Herausforderungen nicht mögen und den Erfolg anderer als eigene Niederlage betrachten. Es handelt sich hier um eine statische innere Haltung.

Es ist ein dynamisches Mindset, über das Führungskräfte in Zukunft verfügen müssen, um die Basis für eine gute Kommunikation zu haben. Das Mindset zur eigenen Person entspricht auch dem Menschenbild, das jeder Einzelne hat. Führungskräfte mit einem dynamischen Mindset haben auch ein dynamisches Bild von ihren Mitarbeitern und kommunizieren dementsprechend wertschätzend, inspirierend und unterstützend. In der Kommunikation wirkt sich das Growth Mindset in Form von positiven Formulierungen, motivierenden Inhalten und empathischen Bausteinen aus. Die gute Nachricht ist, dass sich das Mindset durch regelmäßiges Training sowie genaue und achtsame Selbstreflexion verändern lässt.

Der Unternehmensalltag ist geprägt von Kommunikation – intern wie extern, online wie offline, in Meetings, bei Kundenterminen und Verhandlungen, innerhalb der Teams, zwischen Kollegen, mit Führungskräften, in der Upline wie in der Downline. Und obwohl seit Jahrhunderten der Sprachentwicklung auch immer wieder an Kommunikationsmodellen gearbeitet wird und Wissenschaftler wie Nichtwissenschaftler sich gleichermaßen mit diesem Thema auseinandersetzen – Kommunikation ist als **Futureskill** wichtiger und präsenter denn je. Es gilt nun jedoch, das Thema von unterschiedlichen Perspektiven aus zu beleuchten, um Strategien entwickeln zu können, die eine Führungskraft in heutigen Zeiten anwenden und beherrschen sollte.

In der Kommunikation geht es um das **Sozialprinzip**. Das stellt uns insbesondere im Rahmen der digitalen Kommunikation vor besondere Herausforderungen. Wir kommunizieren in den Sozialen Medien, Firmen haben ihr Soziales Intranet, die CRM-Software im Unternehmen muss den Anspruch haben, *sozial* verträglich zu sein, um für entsprechende Vernetzung zu sorgen. Es ist wichtig, dass diese vermeintlich sozialen Aspekte für Mitarbeiter und Führungskräfte nicht zur Belastung werden, weil sie eine immer größer werdende Informations- und Datenflut mit sich bringen und weil auf einmal jeder mit jedem kommunizieren will, soll oder einfach kann. Terminabsprachen über Kollaborationstools wie Chatforen, Wikis, Blogs etc. werden um ein Vielfaches effizienter und schneller, weil die Teilnehmer von Meetings oder Symposien nicht mehr bis zu 30 E-Mails verschicken oder Anrufe tätigen müssen, um zu einer Termineinigung zu kommen. In den Kollaborationstools gibt der Teilnehmerkreis einfach sein Wunschzeitfenster an bzw. wählt aus vorgegebenen Terminen die aus, die bei ihm funktionieren – und am Ende ist es für jeden transparent und nachzuvollziehen, wer wann Zeit hat bzw. an welchen Terminen ein Treffen problematisch wäre.

Natürlich bergen die digitalen Medien auch so manche Tücke für die Anwender – und hier ist jetzt nicht nur von der Bedienbarkeit der Technik die Rede! Kommunikation online und offline bietet Raum für Missverständnisse. Zum einen, weil in der Onlinekommunikation – sofern sie verstärkt schriftlich stattfindet – durch fehlende Körpersprache wichtige Hinweise auf die Gedanken und Gefühle des Gesprächspartners nicht übermittelt werden. Zum anderen trifft die Kommunizierenden die Tatsache, dass Verstehen auf Resonanz beruht und der Empfänger auch nur das erkennen wird, was er selbst kennt! Kommunikationsgewohnheiten werden online wie offline beibehalten, denn der Mensch ist ein Gewohnheitstier. Gerade in der virtuellen Team-Kommunikation liegt der Teufel oft im Detail und führt zu Konflikten. Umso wichtiger ist es, sich mit dem Futureskill Kommunikation auseinanderzusetzen, um sich in der modernen Welt zurechtzufinden und punkten zu können.

2.2 Wissenschaftlicher Bezug

Laut dem Statistic Brain Research Institute beträgt die durchschnittliche Aufmerksamkeitsspanne eines Menschen etwa 8,5 Sekunden. Bei Storys, im Vergleich zu bloßen Fakten, ist sie 22-mal höher. Geschichten bleiben in unserem Gedächtnis hängen. Viel mehr als bloße Fakten. **Storytelling** ist Kopfkino. Das menschliche Gehirn denkt gerne in Bildern, denn sie erzeugen mehr neuronale Verknüpfungen, als reine Fakten es tun. Das liegt an der Funktionsweise unseres Gehirns, so Gerald Hüther, einer der bekanntesten Hirnforscher Deutschlands. Menschen denken gerne in Bildern – und das rhetorische Pendant zu Bildern ist das Erzählen einer Geschichte, also die Story.

Bei puren Fakten findet ein einfacher Entschlüsselungsprozess im Gehirn statt. Bei Geschichten hingegen werden beide Seiten des Gehirns aktiviert und es wird an bereits vorhandene Verknüpfungen im Gehirn angebaut. Somit verknüpft das Gehirn neue Erfahrungen mit bereits vorhandenen. Mithilfe des riesigen Netzwerks aus verknüpften Geschichten ergänzt das Gehirn fehlende Informationen und kann neue Zusammenhänge herstellen.

Je stärker das Gehirn Dinge an bereits vorhandene Verknüpfungen anbauen kann, desto leichter merkt es sich diese. Je mehr Anknüpfungsoptionen wir dem Gehirn bieten, desto leichter können Verbindungen entstehen. Über je mehr verschiedene sensorische Kanäle Neues gleichzeitig aufgenommen wird – wie Sehen, Hören, Riechen, Schmecken, Fühlen – desto besser lässt es sich im Gehirn anknüpfen. Kommen noch Emotionen, wie beim Storytelling hinzu, werden neuroplastische Botenstoffe ausgesendet, die das Entstehen von neuen Vernetzungen begünstigen.

Außerdem hört jeder Mensch in einer Story andere Inhalte. Je nach persönlicher Erfahrung und Haltung, kann jeder eine andere Botschaft aus dem Erzählten für sich ziehen – je nachdem, an welche Erfahrungen im Gehirn die Story angedockt wurde.

Beispiel-Story: Der Frosch im heißen Wasser

Wirft man einen Frosch in kochendes Wasser, springt er sofort heraus (Mythos oder Wahrheit konnte noch nicht abschließend verifiziert werden). Setzt man ihn hingegen in einen Topf mit kaltem Wasser, das man langsam zum Kochen bringt, versucht er nicht zu flüchten, weil er die Temperaturveränderung kaum spürt. Bis das Wasser so heiß ist, dass der Frosch nicht mehr genug Energie hat, um aus dem Topf zu springen.

Würden wir das o. g. Beispiel mit dem Frosch in Wirklichkeit durchführen, dann sähe die Wahrheit anders aus – tatsächlich springt der Frosch ab einer gewissen Temperatur aus dem Topf. Charles Handy veröffentlichte diese Frosch-Story 1989 (The Age of Unreason), um den Umgang mit den zunehmend rascheren Veränderungen unserer Gesellschaft zu veranschaulichen. Al Gore hat sie in Zusammenhang mit ökologischen Veränderungen auch verwendet. Ebenso könnte sie zur Sensibilisierung der Mitarbeiter für schnelle Veränderungen des Marktes eines Unternehmens eingesetzt werden.

Im digitalen Zeitalter müssen Führungskräfte **Digital Leadership** beherrschen und sowohl synchron als auch asynchron Medienkompetenz unter Beweis stellen und sich sowohl online als auch offline souverän bewegen können. Seit wenigen Jahren gibt es sogar einen Studiengang »Digital Leadership« (z. B. an der Wilhelm Büchner Hochschule in Darmstadt), bei der Studierende die Kompetenzen erlernen, die sie in der digitalen Transformation und im »Organizational Development« benötigen. Es geht in diesem Zusammenhang nicht nur um fundiertes IT-Wissen wie z. B. IT-Security, sondern auch um wichtige Aspekte der digitalen Ethik. Gerade mit diesen Themen muss sich eine Führungskraft bereits heute auseinandersetzen – und in technologisch extrem schnelllebigen und disruptiven Zeiten wird Digital Leadership immer mehr zum Thema.

Eine Studie, die in Kooperation zwischen der Universität Frankfurt, der Groß & Cie. Unternehmensberatung, der Deutschen Gesellschaft für Personalführung e. V. und der Wolters Kluwer Deutschland GmbH durchgeführt wurde, zeigt folgendes auf: *»Digital Leadership wird zunehmend wichtiger, unabhängig vom Geschäftsmodell oder der Digitalisierung von Geschäftsprozessen. Gleichzeitig werden von Führungskräften erhebliche Defizite bei den eigenen Kompetenzen wahrgenommen. Prominente CEOs aus den USA können jedoch keine Vorbilder sein, ebenso wenig eindrucksvolle Fallbeispiele von »Digital Native«-Unternehmen.«* Digital Leadership ist sprichwörtlich Chefsache, denn ohne Rückendeckung »von oben« kann die Digitalisierung nicht im Unternehmen gelebt werden. Und auch wenn die digitale Transformation branchenübergreifend zum Tragen kommt, so ist doch klar ein Trend abzusehen: dass bestimmte Branchen wie die IT-Industrie, Pharma, Finanzen und Versicherungen oder eben auch (immer noch) die Automobilindustrie Vorreiter im Bereich Digital Leadership sind. Je kundennäher die Unternehmensbereiche sind, desto wichtiger wird das Thema. Wichtig ist, dass es hierbei längst nicht nur um die Nutzung digitaler Medien geht oder um die Bewertung von Leistungen mittels Kollaborationstools.

Es geht darum, in den Unternehmen und bei den Führungskräften ein gemeinsames Verständnis für Digital Leadership zu entwickeln und Vorbild sein zu können, was die Kommunikation und den Unternehmensauftritt angeht – online wie offline. Für die Entscheider ist dabei wichtig, dass sie nicht alles selbst im Detail durchdringen oder beherrschen müssen, was ihnen an digitalen Medien begegnet. Es geht darum, loszulassen und das Ruder denjenigen zu überlassen, die sich auskennen. Die Studie spricht hier von »freudigem Kontrollverlust« und befürwortet die kollektive Intelligenz von Organisationen.

2.3 Praxisbezug

2.3.1 Methoden und Umsetzung

Storytelling – Kontext vermitteln
Hierbei handelt es sich um einen emotionalen Kommunikationsstil, der ein Team begeistern und motivieren kann. Seinen Ursprung hat Storytelling im Bereich New Work und es eignet sich dann hervorragend, wenn es darum geht, Ziele zu definieren, Vertrauen zu bilden oder Orientierungshilfe zu geben. Top-down-Kommunikation reicht heutzutage nicht mehr aus, d. h., die Führungskraft von heute muss Kontext vermitteln können – und zwar so, dass es das Team begeistert und mitreißt. Geschichten verdeutlichen (Projekt-)Ziele und klären die wichtige »*Warum*-Frage«, sorgen für Effizienz und Schnelligkeit in der Entscheidungsfindung. Denn egal, wie (vermeintlich) flexibel die Hierarchien in modernen Unternehmensstrukturen auch sein mögen, der Führungsanspruch bleibt nach wie vor erhalten, denn am Ende muss immer auch eine Entscheidung getroffen und kommuniziert werden!

Storytelling sorgt für Aufmerksamkeit, denn Geschichten wecken Neugier und helfen uns dabei, neue Erfahrungen zu machen – so, als wären wir selbst dabei! Es erhöht die Glaubwürdigkeit, denn Geschichten geben uns Kontext, schaffen Fakten und setzen alles in einen sachlogischen Zusammenhang. Zudem hat Storytelling Überzeugungskraft, denn Geschichten sprechen sowohl das logisch-analytische als auch das intuitiv-emotionale Denken an und überzeugen auch in asymmetrischen Kommunikationssituationen. Und zu guter Letzt verstärkt Storytelling die Merkfähigkeit, denn Geschichten lassen uns Ereignisse durchleben, als wären wir live dabei. Dabei lernen wir viel und können die (passiven) Erfahrungen aktiv in unseren Alltag mitnehmen.

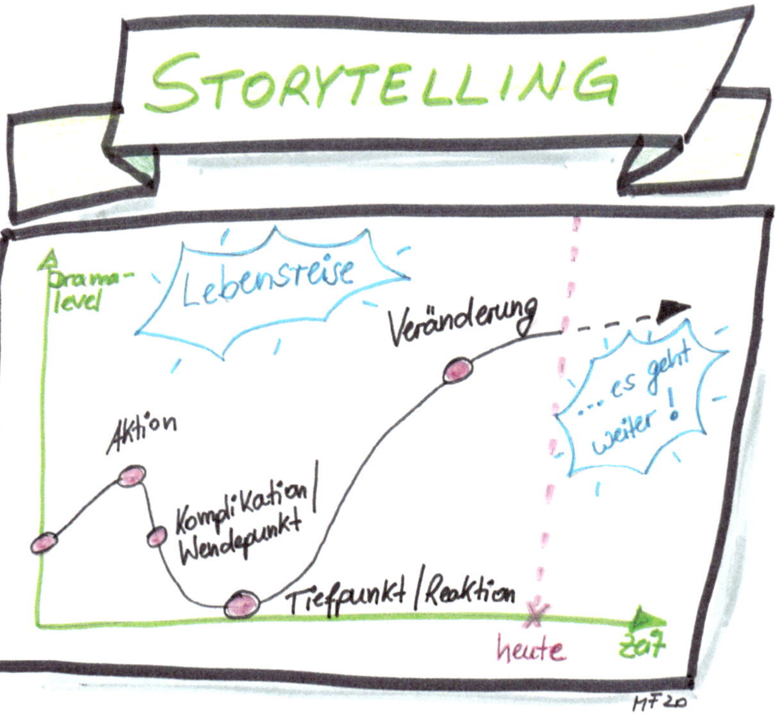

Abb. 8: *Storytelling*

»E-Culture« entwickeln in Sozialen Medien

Bei der Nutzung von Kollaborationstools kommt es darauf an, die Spielregeln festzulegen. Dazu gehört die Entscheidung über Zugriffsberechtigungen genauso wie die Aufgabe, im wahrsten Sinne des Wortes eine gemeinsame Sprache in den Sozialen Medien zu entwickeln und dann auch zu sprechen, die jeder versteht und mit der jeder etwas anfangen kann. Mitarbeiter müssen die Möglichkeit haben, ihre Arbeitsabläufe zu optimieren und eine Kommunikationskultur in der Gruppe zu entwickeln. Ganz wichtig ist hierbei auch, dass die Mitarbeiter ausreichend Freiraum bekommen, um mithilfe der Kollaborationstools so zu kommunizieren, wie es für sie passt und angenehm ist – auch über das Dienstliche hinaus (aber natürlich trotzdem immer noch dem Businesskontext angemessen!).

»Netiquette« ist in diesem Zusammenhang ebenfalls wichtig – wie kommunizieren wir in sozialen Medien? So könnte eine Regelung z. B. lauten, dass kein Beitrag anonym gepostet werden darf, dass Cyber Mobbing inakzeptabel ist und geahndet wird, dass wir zwar Emojis verwenden, aber damit nicht übertreiben, und dass wir generell die Konventionen korrekter Rechtschreibung befolgen – einfach, weil es ein Zeichen von Respekt ist. Wie reden wir in Chatforen miteinander – in der Du- oder in der Sie-Form? Gestattet es der Arbeitgeber generell, dass Mitarbeiter während ihrer Arbeitszeit freien Zugang zum Internet haben? Wie sieht es mit der Präsenz in sozialen Medien aus? Ein Beispiel aus der Praxis: Der börsennotierte Softwarekonzern SAP fordert seine Arbeitnehmer ganz direkt und konkret dazu auf, mindestens ein (wertschätzendes, werbewirksames) Posting pro Monat auf sozialen Netzwerken zu platzieren. Dies ist sogar, wie uns zugetragen wurde, explizit im Arbeitsvertrag festgelegt.

Horizontale Kommunikation und vertikale Kommunikation

Zwei grundsätzliche Modelle der Kommunikation in Organisationen werden in der Literatur unterschieden: Die vertikale – meist von Männern bevorzugt – und die horizontale Kommunikation – eher von Frauen gelebt.

Die **horizontale Kommunikation** entspricht der Netzwerkorganisation. Möglichst alle werden unabhängig vom Status mit in die Kommunikation einbezogen. Hier werden Verbindungen hergestellt und es wird Gemeinsames gelebt. Es geht darum, kommunikativ ein Miteinander auf Augenhöhe zu ermöglichen. Der private Austausch zwischen Kollegen und Teammitgliedern muss nicht nur akzeptiert, sondern gefördert werden. Je besser sich die einzelnen Personen kennen, desto leichter die Zusammenarbeit – auch über räumliche Distanz hinweg. Es hilft, wenn regelmäßig persönliche Treffen stattfinden, alle Mitarbeiter bestimmte Informationen über sich auch online bekannt geben – natürlich im Rahmen des Datenschutzes und des Schutzes der Privatsphäre! Mitarbeiter müssen nicht zu einem *offenen Buch* werden – aber ein Foto in der Online-Adressliste wirkt z. B. schon Wunder bei der horizontalen Kommunikation!

In der **vertikalen Kommunikation**, die aus der hierarchischen Organisation stammt, geht es vorrangig um den Status der Kommunizierenden. Es werden große Anstrengungen unternommen, sich nach unten abzugrenzen und nach oben in der Hierarchie respektvoll Zugehörigkeit zu signalisieren. Die vertikale Kommunikation findet man vorwiegend in reinen Männergruppen. Viele Frauen sind sich nicht bewusst, dass ihre Signale, Gesten und Verhaltensweisen im hierarchischen System nicht funktionieren, aber wesentlich für ihre Netzwerkkommunikation sind und für ihre berufliche Entwicklung.

Vertikale Kommunikation ist auch statusorientierte Kommunikation. Praktisch findet man diese regelmäßig in täglichen Situationen, auch im nonverbalen Bereich. Die linke Hand am Oberarm oder seitlich an der Schulter bei der Begrüßung, während die rechte Hand zum Händedruck gereicht wird. Dies ist ein Zeichen von Dominanz und wird häufig bei Männern beobachtet. Beispiel hierzu ist der amtierende amerikanische Präsident Donald Trump. Frauen nutzen diese Geste kaum. Um wieder ein Gleichgewicht im Status herzustellen, sollte die Geste zurückgegeben werden. Das bedeutet, dass der andere (der sich gerade im niedrigeren Rang befindet) diese Geste erwidert, indem er seinerseits mit seiner linken Hand den Oberarm oder die Schulter seines Gegenübers berührt, und sich somit die Balance im Status wiederherstellt. Solche »Spielchen« beruhen auf Hierarchie und Status. Aufgrund der zunehmenden Netzwerkorganisation in Unternehmen wird in Zukunft – auch wenn es noch etwas dauern wird – dieser Leader erfolgreich sein, der eine statusfreie und menschenfokussierte offene Kommunikation, wie sie der horizontalen Kommunikationsform entspricht, beherrscht.

Vertrauen gewinnen

Die Führungskraft ist nahbar, hält sich an Vereinbarungen, etabliert eine funktionierende Feedbackkultur im Team und ist ein gutes Vorbild. Der Mitarbeiter wird nicht nur in erster Linie in seiner Funktion gesehen, sondern als Mensch – mit allen Stärken und Schwächen. Es muss ein gemeinsames Verständnis für die Arbeit geschaffen und der Wunsch geweckt werden, Aufgaben gemeinsam zu bearbeiten, Entscheidungen zu fällen, Probleme zu besprechen und Erfolge zu feiern.

Einige Firmen ermöglichen ihren Mitarbeitern, sich via firmeninternem Intranet zu sog. »Lunch-Dates« zu verabreden, damit sie die Möglichkeit bekommen, auch außerhalb ihres Teams oder ihres Bereichs Kollegen kennenzulernen und sich auszutauschen. Die Mitarbeiter können so Verbindungen eingehen und über den Tellerrand hinausschauen – beruflich wie privat.

»*Wer nicht genügend vertraut, wird kein Vertrauen finden*« (Laotse). Aus Evolutionssicht war es entscheidend für unser Überleben, ob wir einer anderen Person vertrauen können oder nicht.

Das Max-Planck-Institut identifizierte drei wesentliche Perspektiven des Vertrauens: Vernunft, Routinen und Erfahrungen.

Vernunft: Vertrauen als eine Frage der Vernunft, bezieht sich auf die (begrenzt) rationale Entscheidung, ob vertraut wird oder nicht. Dies hängt von den Interaktionspartnern ab und unterliegt bestimmten Kriterien wie Wohlwollen, Kompetenz und Integrität. Deshalb müssen, um Vertrauen aufzubauen, entsprechende Anreize geschaffen werden, die dafür sorgen, dass verlässliche Signale an den, der vertrauen soll, gesendet werden.

Routinen: In vielen Situationen, die routinemäßig ablaufen, wird Vertrauen häufig routinemäßig geschenkt, ohne dies zu hinterfragen. Die Orientierung an festen Regeln und Rollen führt zur Etablierung von festen, regelmäßigen Verhaltensmustern und fördert die Bildung und Erhaltung von Vertrauen. Regelmäßige Stand-up-Meetings (Daylies), die klare Regeln haben und zeitlich genau festgelegt sind, stellen beispielsweise solche Routinen dar.

Erfahrung: Der Vertrauensaufbau durch Lernen erfolgt aufgrund von Erfahrungen – der sogenannten Reflexivität. Sind weder Routinen noch Vernunft als Grundlage für die Vertrauensentscheidung vorhanden, erfolgt die Vertrauensbildung durch einen Lernprozess des Erlebten. Je mehr Erfahrungen vorliegen, die positiv bewertet wurden, um so vertrauensvoller ist die Kommunikation.

Als Kern des Vertrauens jedoch gilt laut Max-Planck-Institut das »Aufheben von Ungewissheit«. Das Abwägen von positiven Erwartungen gegenüber einer möglichen Enttäuschung und die Frage, ob das Vertrauen honoriert wird, stellt eine Ungewissheit des Vertrauenden dar. Wird diese »Ungewissheit aufgehoben« entsteht Vertrauen.

Ein altbekanntes, aber sehr wirksames Instrument zur Teamdiagnose, bei dem es u. a. auch um Vertrauen geht, ist das **Johari-Fenster**. Es ist so aufgebaut, dass es in vier Bereichen aufführt, was einem einerseits selbst bzw. anderen über einen bekannt ist, und andererseits Bereiche enthält, die einem unbekannt sind bzw. andere über einen (noch) nicht wissen. Durch gezielte Information, die jemand an sein Team gibt (Selbstoffenbarung), erlaubt er, dass man ihn etwas besser kennenlernt – das schafft Vertrauen. Sein Bereich als »öffentliche Person« wird dadurch größer und je größer dieser Bereich ist, desto transparenter und wirkungsvoller wird die Kommunikation im Team. Und das Team gibt Feedback und zeigt jemandem Dinge auf, die ihm an sich selbst noch gar nicht aufgefallen sind – das ist sein »blinder Fleck«! Durch das Feedback schafft man es, diesen Bereich zu verkleinern. Und wenn sich ein Team besser kennt, kann es erfahrungsgemäß auch besser zusammenarbeiten!

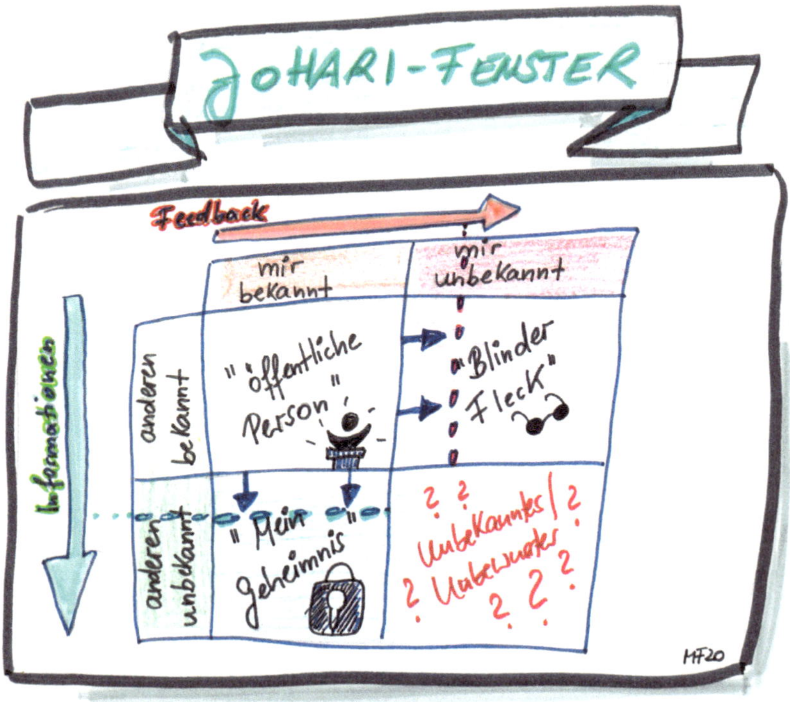

Abb. 9: *Johari-Fenster*

Synchron und asynchron kommunizieren

Im modernen Unternehmensalltag erfolgt Kommunikation sowohl synchron als auch asynchron. Das heißt, es wird einerseits zeitgleich kommuniziert, etwa in Telefonaten, Meetings, Chats, Web-Konferenzen oder in Einzelgesprächen. Andererseits kommunizieren wir heutzutage auch oft zeitversetzt – z. B., weil wir Mails nur zweimal am Tag sichten und beantworten, Teammitgliedern Informationen mittels eines gemeinsamen Laufwerks zur Verfügung stellen und selbst entscheiden, wann wir uns welche Daten zu Gemüte führen. Sowohl die synchrone als auch die asynchrone Kommunikation hat Vor- und Nachteile. Machen wir uns bewusst, wann und wie wir welche Variante in unseren Arbeitsalltag implementieren.

In manchen Unternehmen gibt es die negative Tendenz, dass sich Mitarbeiter oder auch Führungskräfte regelrecht hinter asynchroner Kommunikation verstecken und es bewusst so handhaben, dass Mails oder Nachrichten absichtlich mit zeitlicher Verzögerung verschickt werden, damit nicht sofort reagiert werden muss. Der eine oder andere scheut sich vor synchroner Kommunikation, weil ein Ausweichen hier nicht so leicht möglich ist. Andererseits hat asynchrone Kommunikation durchaus auch ihre Berechtigung – wenn es z. B. der Sache dient, sich vor dem Verfassen einer Antwortmail erst einmal in Ruhe Gedanken zu machen, sich einen Überblick über die Gesamtsituation zu verschaffen oder auch, um sich sprachlich erst einmal fit zu machen für eine Antwort.

Untergrundkommunikation nutzen

Für eine Führungskraft ist es wichtig, sich genug Zeit für informelle Gespräche mit den Mitarbeitern in der Kaffeeküche, in der Raucherecke oder bei spontanen Treffen auf dem Flur einzuräumen. Denn der *Flurfunk* gibt wichtigen Aufschluss darüber, was gerade im Team oder im Unternehmen hochkocht und ist deshalb eine wunderbare Gelegenheit für angewandte Kommunikation. Auch der private Austausch in Kollaborationstools ist eine wichtige Stellschraube für die Führungskraft von heute. Sie sollte sich dort sozial und nahbar geben und dennoch durch Fach- und Führungskompetenz überzeugen. Small Talk in einem inoffiziellen Rahmen bei einer Tasse Kaffee oder einer Zigarettenpause hilft uns beim Abschalten, bringt uns einander näher und lässt uns zu Brüdern und Schwestern im Geiste werden, mit denen wir Schulter an Schulter im Arbeitsalltag in die Schlacht ziehen. Es erleichtert die professionelle Zusammenarbeit und hat einen positiven Einfluss auf die interne und externe Kommunikation.

Wichtig ist, dass diese Untergrundkommunikation nicht im Untergrund bleibt, sondern sprichwörtlich auf die Straße geholt wird. Die Führungskraft darf nicht zum »Spion« mutieren und der Flurfunk soll nicht negativ als Gerüchteküche oder für Kollegenschelte missbraucht werden. Untergrundkommunikation soll positiv behaftet sein und das Miteinander fördern. *In der eSpring Group in Heilbronn, einem noch jungen Start-up-Unternehmen aus internationalen Gesichtern mit Ideen, Wissensdurst und hohem Umsetzungsdrang ist es üblich, dass Feedbackgespräche oder der Informationsaustausch im Team so funktionieren, dass Mitarbeiter gemeinsam spazieren gehen und sich beim Gehen über alles Wichtige austauschen. Die Entscheidungswege sind dadurch sehr verkürzt, der Informationsfluss über alle Hierarchien hinweg absolut effizient.*

2.3.2 Praxistipps

Immer komplexere Aufgabenstellungen erzwingen einen höheren Abstimmungs- und Kommunikationsbedarf, d. h., es ist nur natürlich, dass sich die Zahl der Meetings erhöht. Deshalb muss diese Zeit so produktiv wie möglich genutzt werden. Die beste Agenda nutzt nichts, wenn weder Ihnen noch Ihrem Team klar ist, was mit dem Meeting erreicht werden soll. Also sorgen Sie für Zielklarheit!

Gerade in Zeiten der vielzitierten selbst organisierten Teams braucht es jemanden, der ein Meeting leitet. Führungsintervention ist wichtig, d. h., jemand muss den Anfang und das Ende bestimmen, die Ziele festlegen und für deren Durchsetzung sorgen, das Tempo regulieren, die Teilnehmer einbinden oder ausbremsen etc. Ein Moderator ist hierbei längst nicht immer passend, sondern es gilt die Devise: subjektiv ist besser als objektiv!

Treffen Sie sich online oder offline, virtuell oder Face-to-Face, um für brandaktuelle (Projekt-)Themen zu klären, wie die interne oder externe Kommunikation gestaltet werden soll. Geben Sie dem Team und Ihnen selbst als Führungskraft eine Bühne! Sehr gut funktioniert dies methodisch, wenn Sie einen festgelegten Ablauf in Ihren **Kommunikationsmeetings** etablieren:

Schritt 1:

Schildern eines Problems oder Themas, das sich ganz konkret mit der internen bzw. externen Kommunikation in Ihrem Team oder gar in Ihrem Unternehmen befasst. Zum Beispiel werden Schwierigkeiten in der Zusammenarbeit geschildert oder es wird ein besonderer Dank ausgesprochen und eine Situation veranschaulicht, in dem einem Mitglied des Teams sehr geholfen werden konnte.

Schritt 2:

Der Reihe nach wird es allen Teilnehmenden ermöglicht, zur beschriebenen Situation Fragen zu stellen, um sich einfühlen zu können und um sie zu verstehen. Hierbei ist es wichtig, dass nur Fragen gestellt, aber noch keine Lösungen oder Kommentare abgegeben werden. Es ist zielführend, wenn ein Sitzungsleiter den Teilnehmenden nach und nach das Wort erteilt, um sicherzustellen, dass alle zu Wort kommen. Wichtig ist zudem, die Redezeit im Blick zu behalten und auf alle gerecht zu verteilen.

Schritt 3:

Die nächste Runde dient dazu, dass jeder Teilnehmende seine eigene Perspektive äußern kann, damit alle ihre individuelle Wahrnehmung, ihre Beobachtungen oder Bedenken teilen können. Idealerweise steuert der Gesprächsleiter dieselbe Reihenfolge der Redebeiträge ein, wie in der Fragerunde zuvor.

Schritt 4:

In der vierten Runde geht es darum, Lösungen zu finden und für jeden Teilnehmenden einen Lerneffekt zu erzielen, damit er für zukünftige Kommunikationskonflikte gewappnet und sensibilisiert ist. Die Redebeiträge dürfen hier situativ kommen, ohne besondere Einhaltung von Reihenfolge oder Timing.

Schritt 5:

Das Meeting nähert sich seinem Ende und die Gesprächsleitung regt eine Feedbackrunde an. Die Teilnehmenden sollen sich dazu äußern, was aus den im Meeting erkannten Punkten in den Arbeitsalltag mitgenommen werden kann und alle sollen ihren Fokus noch einmal auf das Thema Kommunikation richten. Danach werden die Teilnehmenden verabschiedet und die Besprechung ist beendet.

Indem sich in einem Unternehmen alle Mitarbeiter, Führungskräfte und Bereiche regelmäßig mit dem Thema Kommunikation befassen, verbessert sich die Art und Weise, wie miteinander kommuniziert wird.

! **Tipps für den Schriftverkehr:**

- Verwenden Sie eine bildhafte Sprache und nutzen Sie aktive Verben statt Passivkonstruktionen.
- Nutzen Sie Emoticons (in angemessener Dosierung), um eben auch Gefühle auszudrücken und nahbar zu sein.
- Klären Sie, wann welche Form des Schriftverkehrs in Ihrem Team oder Unternehmen angebracht ist.
- Stellen Sie unterschiedliche Kommunikationsmedien zur Verfügung und ändern Sie das Medium, wenn Sie merken, dass die Kommunikation nicht so funktioniert, wie Sie es sich wünschen.
- Vermeiden Sie Weichzeichner und Konjunktiv, kommunizieren Sie stattdessen klar und verständlich.
- Geben Sie Kontext!
- Priorisieren Sie Informationen und nutzen Sie in E-Mails unbedingt die Betreff-Zeile.
- Richten Sie Kommunikationszeiten ein und legen Sie fest, wann z. B. Mails bearbeitet werden oder wie Sie es im Unternehmen mit der Erreichbarkeit handhaben wollen.

! **Tipps für den Umgang mit Chatrooms und interaktiven Plattformen:**

- Betreiben Sie gezielten Beziehungsaufbau, kommunizieren Sie nicht nur auf der Sachebene.
- Kleine Gesten gelingen auch virtuell!
- Nutzen Sie Chatforen nur in Teams, in denen sich alle Beteiligten auch schon von Angesicht zu Angesicht gesehen haben, sich kennen und die Begleitumstände »auf dem Schirm haben«, damit Sie sachlich diskutieren können und Missverständnisse vermieden werden.
- Definieren Sie Ziele und Inhalte von Chatrooms.
- Legen Sie fest, wie detailliert die Äußerungen in Chats sein sollen.
- Regeln Sie Lese- und Teilnahmezugriffsrechte.
- Geben Sie Raum für »Spiel und Spaß«, aber setzen Sie Grenzen.
- Machen Sie sichtbar, wer was postet und unterbinden Sie anonyme Beiträge.
- Sorgen Sie für eine gute, respektvolle Ausdrucksweise – trotz »Modernität« und »Coolness« sollte die Kommunikation zum Arbeitskontext passen.
- Sorgen Sie für ein Gemeinschaftsgefühl in der Kommunikation – gerade dann, wenn sich diese im virtuellen Raum abspielt.
- Kollaborationstools sollten alle Möglichkeiten bieten: Chats, Videos, Möglichkeiten zum Schreiben, Lesen, Sehen, Lernen …
- Arbeiten Sie bei Video- oder Telefonkonferenzen mehr mit der Stimme, denn Gestik und Mimik bleiben im virtuellen Raum oft auf der Strecke.

- Erklären Sie mehr, um verstanden zu werden.
- Strukturieren Sie Ihren Kommunikationsprozess.
- Ermöglichen Sie eine Plattform, in der auch Storytelling zum Einsatz kommen kann und fordern Sie Ihre Mitarbeiter auf, ihre eigenen Geschichten zu erzählen und so mit den eigenen persönlichen Stärken und Schwächen als Teil des Teams wahrgenommen zu werden.
- Etablieren Sie Video-Tutorials, die von den Mitarbeitern Ihres Unternehmens erstellt und veröffentlicht werden.
- Variieren Sie die Kommunikation, denn in Zeiten der Reiz- und Informationsüberflutung hat rationale Kommunikation immer weniger Chancen.

2.3.3 Interviews mit Führungskräften

Alexander Herm

MF & MJ: *Welche kommunikativen Fähigkeiten braucht eine Führungskraft, um in Zukunft erfolgreich zu sein?*

AH: Die Fähigkeit, seine Mitarbeiter an ihren jeweiligen Standpunkten abzuholen und die Überzeugungskraft, die eigenen Projekte intern und extern zu fördern.

MF & MJ: *Was ist Ihnen in der Kommunikation mit Ihren Mitarbeitern wichtig und warum?*

AH: In unserer schnellen und komplexen Welt sind Verlässlichkeit und Klarheit in der Kommunikation essenziel. Mitarbeiter verlieren leicht das Vertrauen, wenn der Vorgesetze bei gleicher Sachlage heute so und morgen anders entscheidet. Zudem werden die Mitarbeiter verunsichert und trauen sich keine eigenen Entscheidungen mehr zu treffen. Klare Kommunikation lässt wenig Raum für Spekulationen und vermittelt Sicherheit für das eigene Tun.

MF & MJ: *In welcher Situation in Ihrem Alltag als Führungskraft haben Sie festgestellt, wie wichtig Kommunikation ist?*

AH: Bereits bei der Organisation des Büroalltags, beim Festlegen der Pausen, bei der Schichteinteilung und bei allgemeinen Regeln zur Zusammenarbeit ist die klare Kommunikation wichtig, um Störungen zu vermeiden. Je komplexer das Thema, umso wichtiger ist die Qualität der Kommunikation. Im Change Prozess entscheidet oft die Qualität der Kommunikation über das Gelingen des Projekts.

Jessica Telschow

MF & MJ: *Welche kommunikativen Fähigkeiten braucht eine Führungskraft, um in Zukunft erfolgreich zu sein?*

JT: Ich glaube, eine der wichtigsten Eigenschaften wird das Zuhören sein. Weiterhin ist es wichtig, einen authentischen Kommunikationsstil zu pflegen. Das bedeutet für mich, dass ich zwar in der Lage bin, meine Kommunikation an die Situation, in der ich mich befinde, anzupassen, aber ich bleibe meinen persönlichen Werten und meiner Persönlichkeit treu.

MF & MJ: *Was ist Ihnen in der Kommunikation mit Ihren Mitarbeitern wichtig und warum?*

JT: Mir ist eine offene, respektvolle und vertrauensvolle Kommunikation wichtig. Das heißt für mich, dass jeder in meinem Team mit Themen auf mich zukommen kann – sei es privater oder geschäftlicher Natur. Dies bedeutet aber nicht, dass ich alle Punkte/Probleme löse. Es kommt oft genug vor, dass ich nach oder im Gespräch dem Mitarbeiter sage: Nicht nur mit dem Problem kommen, sondern bitte auch mit einem Lösungsansatz. Nur wenn die Mitarbeiter selber über Lösungen nachdenken, wachsen sie und stellen sich neuen Herausforderungen. Aufgrund unserer generellen Aufgabe im Unternehmen arbeiten wir im Team sehr wenig miteinander, wir sind eher in vielen verschiedenen Projekten unterwegs. Aufgrund dessen versuchen wir durch 1:1 Gespräche und ein einmal im Monat stattfindendes Teammeeting (ohne virtuelle Teilnahmemöglichkeit) unsere offene und vertrauensvolle Kommunikation aufrechtzuerhalten. Dies bedeutet z. B., dass es keine Vorgabe für die Inhalte der 1:1 gibt: Somit reden wir über private Themen wie auch mal geschäftliche Dinge.

MF & MJ: *In welcher Situation in Ihrem Alltag als Führungskraft haben Sie festgestellt, wie wichtig Kommunikation ist?*

JT: Insbesondere in problematischen Situationen ist es wichtig, dass meine Mitarbeiter wissen, dass sie auf ihre Führungskraft zählen können. Das heißt für mich nicht, dass ich mich bei einer Eskalation grundsätzlich vor meine Mitarbeiter stelle, sondern es heißt für mich, dass wir gemeinsam die Situation besprechen – eine Lösung generieren und auch gemeinsam analysieren, was passiert ist. Nur wenn wir verstehen, was passiert ist, können wir in Zukunft besser agieren. Ohne offenen Kommunikation wäre dies nicht möglich. Für mich interessant in diesem Kontext ist, dass dies erstaunlicherweise weltweit gut funktioniert, auch wenn es kulturelle Unterschiede gibt.

Jan Morgenstern

MF & MJ: *Welche kommunikativen Fähigkeiten braucht eine Führungskraft, um in Zukunft erfolgreich zu sein?*

JM: Ohne Kommunikation geht es nicht als Führungskraft. Sowohl schriftlich als auch mündlich und in unterschiedlichen Medien. Das ist selbstverständlich. Eine Führungskraft muss in der Lage sein, sich klar und schlüssig auszudrücken – gerne auch mal direkt und unverblümt ehrlich, wenn es die Situation erfordert. Und es ist mir persönlich wichtig, dass ich selbst und meine Führungskräfte (und Mitarbeiter!) eine gute, verständliche und stilsichere Sprache sprechen und schreiben.

MF & MJ: *Was ist Ihnen in der Kommunikation mit Ihren Mitarbeitern wichtig und warum?*

JM: Ehrlichkeit und Offenheit sind mir hier sehr wichtig. Ich muss klar eine Erwartungshaltung kommunizieren und muss die Mitarbeiter motivieren, sie durch meine Kommunikation erreichen. Ich muss meine Erwartungshaltung richtig definieren – ich erwarte das von dir und das kannst du von mir erwarten!

Kommunikation und Motivation hängen an einem Strang – und die Pflege der Erwartungshaltung! Ich nutze Kommunikation, um Mitarbeiter zu motivieren – denn ohne Kommunikation gibt es kein Feedback, kein Kritikgespräch, kein Lob ….

Mitarbeiter müssen kommunikativ »erzogen« werden, es ist ein Lernprozess und ein Schlüssel zur Unternehmenskultur, die gelebt wird. Ohne Motivation ist keine gute Mitarbeiterkommunikation möglich.

MF & MJ: *In welcher Situation in Ihrem Alltag als Führungskraft haben Sie festgestellt, wie wichtig Kommunikation ist?*

JM: In allen alltäglichen Kleinigkeiten! In der Rückkopplung, im Besprechen von Arbeitsleistungen. Aber auch, wenn ich am Montag ins Geschäft komme, allen guten Morgen sage und meinen Mitarbeitern Wertschätzung entgegenbringe. Es geht nicht um das, was in Lehrbüchern steht – und eben nicht darum, irgendein Interesse zu heucheln. Es muss eine authentische Kommunikation sein, die ehrlich gemeint ist – und dann auch positiv ankommt. Kommunikation muss sowohl in der fachlichen als auch in der nicht fachlichen Arbeit wertschätzend sein und von Herzen kommen. Kommunikation braucht demzufolge auch viel Zeit – was nicht immer leicht ist, aber zu viel besseren Ergebnissen führt. Gerade in einer Kanzlei ist es hilfreich, wenn wir eben nicht diesen »trockenen Duktus« haben, sondern auch vom Job bestimmte Themen in eine verständliche Sprache bringen. Damit können wir viel mehr Nähe aufbauen und Ziele erreichen. Vielleicht bin ich hier ein kleiner Rebell, der nicht in jede Schublade passt. Aber in der extrem konservativen Welt habe ich mich nie wohlgefühlt – und zum Glück ist durch die IT-Branche frischer Wind und etwas »Startuptum« in die Kanzlei gekommen – gerade als ich Fachanwalt für IT-Recht wurde. Damit kam auch eine andere, modernere Sprache. Digitalisierung und New Economy hat die konservative Anwaltsebene etwas aufgemischt – und das ist auch gut so! Deshalb ist bei uns die Kommunikation wirklich anders – weil wir es mit innovativen Menschen zu tun haben, die Dinge anders machen. Ich schaffe hier also eine Mischung zwischen allem!

3 Sichtbarkeit

Abb. 10: *Übersicht Sichtbarkeit*

3.1 Einführung

3.1.1 Rahmenhandlung

Seit kurzer Zeit gibt es bei Thomas Michael Müllers Unternehmen einen WOL Circle – ein Working out Loud nach der von John Stepper entwickelten Methode. Thomas Michael Müller hatte bislang weder die Gelegenheit, sich mit dem Circle zu beschäftigen, noch die Möglichkeit, sich mit der Methodik auseinanderzusetzen. Aber das Thema »Sichtbarkeit« beschäftigt ihn als Führungskraft seit ein paar Wochen. So ganz ist er noch nicht dahintergekommen, was er sich unter diesem Begriff vorstellen kann, aber ihm ist bewusst, dass es wichtig ist, als Führungskraft im Unternehmen sichtbar zu sein, Haltung und Engagement zu zeigen, ein funktionierendes Netzwerk zu haben und es zu nutzen, um seiner Arbeit bestmöglich nachzukommen. Aber auf welche Fähigkeiten und Methoden kommt es dabei an? Wie genau kann er sich dieses **Futureskill** *zunutze machen, um als Führungskraft zu überzeugen? Thomas Michael Müller wird klar – mit alldem muss er sich tatsächlich sehr genau auseinandersetzen! Seine Frau Patricia hat bei einer Fortbildung ihrer Firma an einem Visualisierungsworkshop bei Christian Botta teilgenommen und sich sein Buch gekauft – Botta, Reinold, Schloß: Business Visualisierung – Ein Reiseführer für Neugierige und Visionäre. Sie war davon so begeistert, dass Thomas Michael Müller jetzt beschlossen hat, dieses Buch ebenfalls in Ruhe zu lesen und durchzuarbeiten, denn Ideen und Gedanken so visualisieren zu können, dass es für Klarheit bei einem selbst und im Team sorgt, das ist eine Kunst, die Thomas Michael Müller gerne beherrschen möchte! Aber »***Sichtbarkeit***«, das ist für Thomas Michael Müller eben auch, sich mit Zielen zu befassen, diese zu operationalisieren und Strategien zu entwickeln, die bestimmte Kennzahlen und Schlüsselfaktoren in den Fokus stellen. Sein Chef ist seit einiger Zeit ein großer Verfechter von OKR – den Objectives and Key Results – und Thomas Michael Müller nimmt sich vor, sich ebenfalls mit diesem Thema ernsthaft auseinanderzusetzen, um als Projektmanager und Führungskraft am Puls der Zeit zu bleiben.*

3.1.2 Warum dieses Futureskill

Laut der Gallup Studie engagieren sich immer weniger Mitarbeiter im Job, stattdessen leisten sie vielmehr den oft zitierten »Dienst nach Vorschrift«. Darunter leidet der Unternehmenserfolg! Immer mehr Mitarbeiter wünschen sich, dass ihr Job mehr ist als nur ein Mittel, um genug zu verdienen, um über die Runden zu kommen. Arbeiten nur zum bloßen Broterwerb alleine reicht vielen nicht aus. Sie wünschen sich die Möglichkeit, sich zu engagieren, gefördert und gefordert zu werden. Und – sie wünschen sich eine Führungskraft, die mit gutem Vorbild vorangeht und zu ihren Werten und Überzeugungen steht. Die Führungskraft soll ihren Mitarbeitern auf Augenhöhe gegenübertreten und nahbar sein, mit der Fähigkeit, sie mitzureißen, fachkompetent zu überzeugen, mit Empathie den »Funken überspringen zu lassen« und Spaß an der Arbeit zu wecken. Um aber diesen Anforderungen gerecht werden zu können, ist es zwingend notwendig, dass die Führungskraft für die Mitarbeiter »sichtbar« wird. Das ist allerdings gar nicht immer so leicht, denn in unserem modernen Unternehmensalltag mit virtuellen, über den gesamten Erdball verstreuten internationalen, interkulturellen Teams ist die Führungskraft oftmals gar nicht wirklich greifbar oder hat ihrerseits kaum »Zugriff« auf die Mitarbeiter.

Doch was genau versteht man unter Sichtbarkeit? Sichtbarkeit ist bilateral – einerseits geht es darum, dass die oberste Führungsebene bzw. die Geschäftsleitung ihre Führungskräfte sieht und wahrnimmt, um sie weiterentwickeln zu können. In Zeiten des Silodenkens reichte der Blick der Geschäftsleitung allenfalls bis zur ersten und höchsten Führungsebene, heutzutage weitet sich der Blick aber auf alle Mitarbeiterschichten aus, sodass alle Mitarbeiter für das Topmanagement sichtbar werden. Andererseits geht es bei Sichtbarkeit auch darum, dass die Führungskräfte von den Mitarbeitern wahrgenommen werden – ganz bewusst. Die Führungskraft steht im Fokus und sprichwörtlich unter Beobachtung – im Positiven wie im Negativen. Bestenfalls wird die Führungskraft als Vorbild genommen, ihr Tun und Handeln wird für gut befunden.

3.2 Wissenschaftlicher Bezug

Beispiel mit einem Stargeiger:

Im Januar 2007 wurde ein wissenschaftliches Experiment mit dem berühmten Violinisten Joshua Bell durchgeführt. Bell spielte mit den namhaftesten Orchestern dieser Welt und hatte zahlreiche Preise wie den Echo Klassik, einen Grammy und sogar einen Oscar gewonnen. Dieser berühmte Geiger stand nun in einer Fußgängerzone in Washington D.C. und spielte auf seiner Stradivari Bachs Partita Nr. 2. Im Vorfeld zu dem Experiment hatte die Washington Post größte Bedenken wegen der Sicherheit geäußert und tumultartige Menschenaufläufe erwartet. Was passierte? In den ersten 43 Minuten blieben sieben Menschen (von 1.097 Vorbeigehenden) stehen, 27 warfen etwas Geld in den Geigenkasten. Insgesamt waren es etwas über 40 Dollar, die Bell an diesem Morgen einnahm.

Kompetenz alleine reicht nicht aus – solange sie keiner bemerkt. Erfolg findet nur statt, wenn die Kompetenz sichtbar wird.

Es ist eine Möglichkeit, Sichtbarkeit zu erzeugen und die Erkenntnisse des **Framing-Effektes** zu nutzen. Wendet man Framing (einrahmen) zur Erlangung von Sichtbarkeit an, schafft man einen Rahmen für sich, eine Situation oder eine Aussage. Es ist der Kontext, der den Wert und die Bedeutung festlegt. Menschen brauchen einen Rahmen als Orientierung. Bei Joshua Bell fehlte der Rahmen, der Kontext – wie beispielsweise ein Konzerthaus mit exzellentem Ruf oder teuren Eintrittskarten.

In Zukunft wird der Erfolg der Führungskraft davon abhängen, dass andere ihre Kompetenz sehen.

Wir nehmen nicht die Wirklichkeit wahr, sondern nur das Bild, das wir uns von der Wirklichkeit machen
Hermann Meyer, deutscher Verleger

Das Gehirn ist bemüht, ein möglichst schlüssiges Bild der Wirklichkeit zu liefern. Was nicht passt, wird passend gemacht. Dafür füllt das Gehirn nicht nur Lücken auf, sondern es rechnet auch voraus, was in der Zukunft zu erwarten ist.

3.3 Praxisbezug

3.3.1 Methoden und Umsetzung

Bei Sichtbarkeit kommt es in erster Linie auf die **Haltung** und das **Engagement** der Führungskraft an. Führt eine Führungskraft durch Haltung, dann ist ihre Einstellung prägend für ihr Denken und Handeln. Hier geht es nicht um ein »Gutmenschsein« oder um eine »gute innere Haltung«, sondern es geht um die Kombination aus fundiertem Fachwissen, solidem Handwerkszeug, gepaart mit Authentizität, Wertschätzung und Respekt sowie Verständnis und Akzeptanz auf Augenhöhe.

Beispiel einer ALDI SÜD Filiale:

In einer ALDI SÜD Filiale in Graben bei Karlsruhe wurde das Ruder eine bestimmte Zeit lang den Auszubildenden überlassen, die die Filiale dann komplett führten. Sie standen zu 100 % hinter ihrem Projekt – und bekamen das Vertrauen ihrer Führungskräfte geschenkt, auch wirklich autonom agieren zu dürfen. Eine Führungskraft wurde als Mentor und Ansprechpartner eingesetzt und stand im Hintergrund und für Notfälle zur Verfügung. Die Filiale lief hervorragend, und die jungen Leute wurden bis an die Konzernspitze hin sichtbar mit ihrem erfolgreichen Projekt!

Führung ist immer eine Reise zum Innersten der Führungskraft selbst, bei der dessen eigene Geisteshaltung zum Tragen kommt und den Führungsstil prägt. Durch Engagement wird die Haltung der Führungskraft abgerundet und vervollständigt. Wobei

Engagement sowohl das soziale Engagement als auch das »Sich-Hineinknien« in die Führungsaufgaben per se bedeutet. Wer sich engagiert geht über das normale Maß hinaus und strengt sich an, um etwas zu erreichen – für sich selbst, für seine Mitarbeiter und für sein Unternehmen.

Um sichtbar zu werden und andere bewusst wahrzunehmen, ist es sinnvoll, sich in den Austausch mit anderen zu begeben. Im digitalen Zeitalter von Social Media ist dies sehr einfach, denn es gibt unzählige Internetforen, Business Plattformen oder inspirierende Blogs von Fachleuten, um sich gegenseitig zu inspirieren und zu vernetzen. Die von John Stepper ins Leben gerufene Methode **Working out Loud**, über die er in seinem gleichnamigen Buch schreibt und die für eine neue Art der Zusammenarbeit steht, bedient sich ebenfalls dieser Social-Media-Kanäle. Ursprünglich entstanden ist diese Methode durch die Zielsetzung, seine Arbeit sichtbar zu machen und mit anderen zu teilen. Working out Loud enthält jedoch noch weitere wesentliche Bestandteile (J. Stepper, 2015):

- Sichtbare Arbeit (visible work)
- Beziehungen (relationships)
- Großzügigkeit (generosity)
- Ziele (purposeful discovery)
- Wachstumsorientiertes Denken (growth mindset)

Mitarbeiter und Führungskräfte, die ihr Wissen und ihre Erfahrung wie einen Schatz hüten und für sich behalten, kennen wir alle. Sie waren diejenigen, die in der Vergangenheit ihr Wissen als Wettbewerbsvorteil nutzten. Sie sollten eine aussterbende Spezies sein. Die Welt hat sich verändert und sie wird sich zukünftig noch stärker verändern – vom Einzelkämpfer zum Team, von der Hierarchie zum Netzwerk, vom Ich zum Wir. Führungskräfte, die dies verstanden haben, prägen einen neuen Führungsstil und neue Unternehmenskulturen, in der sich jeder Einzelne als Teil des Ganzen entwickeln, sich mit ihm verbinden und trotzdem sichtbar sein kann. In einem Netzwerk, in dem Wissen und Know-how geteilt wird, entstehen positive gruppendynamische Prozesse, Kollaborationen und gemeinsame Ideen und Lösungen. So können individuelle Ziele schneller und besser erreicht werden, was sowohl das Unternehmen, die Führungskraft und letzten Endes jeden einzelnen Mitarbeiter erfolgreich macht.

Working out Loud wird mittlerweile in zahlreichen deutschen Unternehmen eingesetzt. Insbesondere Bosch ist als Vorreiter in Deutschland bekannt. Als »Graswurzelbewegung« (quasi von unten heraus; die Graswurzel steht dabei für Basisdemokratie und für eine Kampagne, die etwas bewegt) startete Katharina Krentz im Jahr 2015 Working out Loud bei ihrem Arbeitgeber, der Robert Bosch GmbH. Heute umfasst die Bosch-WOL Community mehr als 4.500 Mitglieder in über 50 Ländern. Weitere Unternehmen, insbesondere im Automotive-Umfeld (Daimler, BMW, Audi), folgten. Zwischenzeitlich ist die Methode auch an den Hochschulen und in zahlreichen weiteren Unternehmen der unterschiedlichsten Branchen (Gesundheit, Energie, Pharma, Handel, Finanzen usw.) angekommen.

!

Wie funktioniert WOL:

- Dauer: 1 Stunde pro Tag, 12 Wochen lang
- Teilnehmer: 5 (Privatpersonen, Mitarbeiter oder Führungskräfte im gleichen Unternehmen oder Geschäftspartner aus anderen Unternehmen)
- Präsenz: persönlich, Face-to-Face, virtuell, beispielsweise via Skype oder hybrid (online und offline)
- Sprache: Deutsch, Englisch, Niederländisch, Französisch, Italienisch, Mandarin, Portugiesisch, Spanisch und Türkisch
- Organisation: der sogenannte WOL-Circle ist ein sich selbstorganisierendes Team mit 5 Teilnehmern, das sich beispielsweise über den Circle-Finder (www.circlefinder.workingoutloud.com), im Intranet des Unternehmens oder offline bei (Business) Events, im Freundes- und Bekanntenkreis o. ä. findet.

Jede Woche trifft sich der WOL-Circle für eine Stunde und begibt sich anhand eines strukturierten Fahrplanes – dem Circle Guide – in den Austausch. Der von John Stepper entwickelte Circle-Guide enthält für jede Woche eine detaillierte Agenda und kann unter www.workingoutloud.com/de/circle-guides kostenlos heruntergeladen werden. Zu Beginn legt jeder Teilnehmer sein individuelles Ziel fest, das er mithilfe der anderen 4 Mitglieder in 12 Wochen erreichen möchte. Meistens kennen sich die Teilnehmer eines Circles zu Beginn nicht, auch wenn sie aus dem gleichen Unternehmen stammen. Durch den intensiven Austausch und den gemeinsamen Support, den geschützten Rahmen in der Kleingruppe, die regelmäßigen Treffen und die gemeinsam gemachten Erfahrung entsteht Vertrauen (sehen Sie dazu auch die drei Bestandteile von Vertrauen: Vernunft, Routinen, Erfahrungen im Kapitel 2 »Kommunikation«), was Mut für die eigenen Leistungen macht und Anerkennung für die individuelle Leistung bringt. Findet der WOL-Circle unternehmensintern statt, können Silodenken abgebaut und Bereichsgrenzen überwunden werden. *»Mit Working Out Loud fördern wir die digitale Zusammenarbeit, entwickeln unsere Lern- und*

Arbeitskultur weiter und stärken so unsere Innovationskraft.« (C. Kübel, Geschäftsführer und Arbeitsdirektor der Robert Bosch GmbH).

Abschließend ist festzustellen, dass Working out Loud sehr viele Komponenten beinhaltet, die für Mitarbeiter und Unternehmen in Zukunft positive Effekte bieten. Der persönlich größte Nutzen, den ich, Margareta Jäger, als Führungskraft und Start-up-Founder durch die Teilnahme am WOL-Circle verbuchen konnte, ist die bessere Sichtbarkeit. Aufgrund der sehr digitalen Ausrichtung der Methode war dies größtenteils im Nudging-Effekt (*to nudge* = schubsen) der Methode begründet, nämlich in den Sozialen Medien aktiver zu werden. Ein erster Post auf Twitter, eine Mail an John Stepper und schließlich das Kennenlernen der WOL-Community führten auch offline zu neuen Kontakten, die ohne WOL nur schwer möglich gewesen wären. Es braucht nicht viel Fantasie, um sich vorzustellen, für wen oder was man als Teilnehmer von WOL sichtbar wird, wenn man an einem unternehmensinternen Circle teilnimmt.

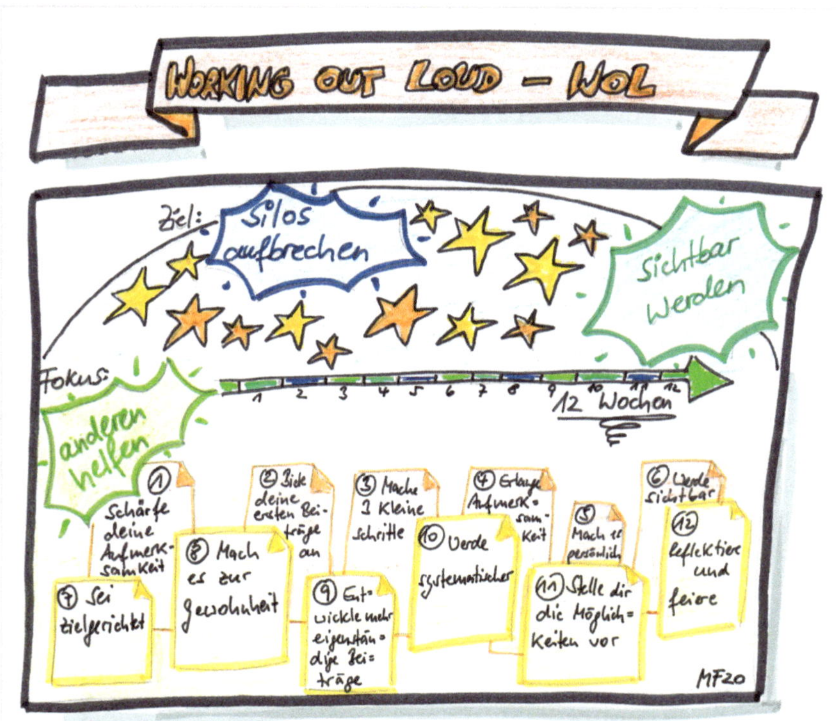

Abb. 11: *Working out Loud*

Nicht nur beim Lernen, sondern auch in der Führung hat sich bewährt, dass **Visualisierung** einfach Text schlägt – und zwar um Längen. Die rechte und linke Gehirnhälfte miteinander zu vernetzen und Inhalte mittels Visualisierung in der Erinnerung zu verankern, hilft dabei, Probleme zu lösen, komplizierte Inhalte verständlich darzustellen und mit wenig Aufwand effizient zu dokumentieren. Das ist auch eine Form der Sichtbarkeit, die in Unternehmen zunehmend wichtiger wird. Wer im geschäftlichen Umfeld als Führungskraft irgendwann sprichwörtlich den Wald vor lauter Bäumen nicht mehr sieht, der sollte einfach mal den Zeichenstift zur Hand nehmen und Gedanken »sichtbar machen«!

Gut funktioniert das mit der Methode *Design Thinking*, einem Ansatz, bei dem durch die drei gleichwertigen Grundprinzipien Team, Raum und Prozess neue Ideen entwickelt und visualisiert werden und der auf diese Weise bei der Suche nach Lösungsansätzen hilft.

Um sichtbar zu werden, kommt es ferner darauf an zu **netzwerken**! »Jeder kennt jeden um sieben Ecken!« – und ein positiver Nebeneffekt der Globalisierung ist zweifelsfrei, dass jeder sein Netzwerk kontinuierlich erweitern und ausbauen kann, um sich zu zeigen, um gesehen und gehört zu werden. Hierbei kommt es natürlich auch darauf an, **Präsenz in virtuellen Teams** zu zeigen und sich gut mit diesem Aspekt der Sichtbarkeit auseinanderzusetzen – denn virtuelle Teams bergen so manche Tücke in sich! Es geht darum, im positiven Sinne sichtbar zu werden und einen bleibenden, guten Eindruck zu hinterlassen.

Wenn wir über »Sichtbarkeit« als **Futureskill** reden, müssen wir unser Augenmerk natürlich auch auf die neue »Wunderwaffe« OKR richten, die **Objectives and Key Results**. Hierbei geht es um eine im Ursprung alte Methode, Entwicklungs- und Wachstumsziele zu erreichen, die in den 1980er/1990er Jahren von Google eingeführt wurde und die ungefähr seit 2016 auch in deutschen Unternehmen zunehmend präsent ist. Es dreht sich dabei alles um die Kernfrage: »Wo wollen wir hin?« – also die Objectives – bzw. »Wie messen wir, ob wir unser Ziel erreicht haben?« – die Key Results. Bei OKR werden die Mitarbeiter systematisch eingebunden und mit einer viel größeren Häufigkeit als im »normalen« Unternehmensalltag zu Gesprächen gebeten. Das heißt, es gibt nicht nur das obligatorische Jahresgespräch einmal pro Jahr, sondern regelmäßige Gesprächsintervalle alle zwei bis vier Monate, um am Puls der Zeit bleiben zu können, um Agilität Raum zu geben und höhere Reaktionsgeschwindigkeiten des Unternehmens zu ermöglichen. Die strategischen Ziele des

Unternehmens werden bei OKR auf Team-, Projekt- und Mitarbeiterebene heruntergebrochen und müssen so formuliert werden, dass sie inspirierend und herausfordernd gleichermaßen sind. Das Management legt pro Zeitraum eine maximale Anzahl von Zielen fest – z. B. fünf Ziele pro Quartal. Diese werden dann durch maximal vier Messgrößen operationalisiert, damit man in der Lage ist, den Fortschritt zu messen.

Als Faustregel für die OKR-Methode gilt: !

- Ca. 60 % der Ziele kommen top-down vom Management,
- ca. 40 % der Ziele kommen bottom-up von den Mitarbeitern,

d. h., es muss einen Verhandlungsprozess zwischen der oberen und unteren Ebene geben und hier ist die Führungskraft vollumfänglich gefordert!

Beispiele für OKR in der Praxis:

Einige erfolgreiche Unternehmen, wie die Sartorius AG, ein international agierender börsennotierter Pharma- und Laborzulieferer, arbeiten ganz gezielt mit OKR. Auch das Hotel Zugspitze geht den unkonventionellen Weg, alle Geschäftsbücher allen Mitarbeitern offen zugänglich zu machen und Transparenz zu leben. CareerFoundry, der erste online Karriere Accelerator, der durch hoch qualitative Onlinekurse in Webentwicklung UX Design und UI Design anbietet, geht mit OKR neue Wege und legt alle Kennzahlen des Unternehmens offen – auch die Gehälter.

3.3.2 Praxistipps

Sorgen Sie bei Ihren Mitarbeitern für Zufriedenheit und unterstützen Sie sie. Bieten Sie Ihren Mitarbeitern interessante, stimulierende Tätigkeiten, bei denen sie sich nach ihren Fähigkeiten einbringen können, und schaffen Sie ein positives Arbeitsumfeld!

Denken Sie aber ebenso darüber nach, wie Sie und Ihre Mitarbeiter, Ihr Unternehmen, sich sozial engagieren können, um etwas für die Gesellschaft zu tun. Welche ehrenamtlichen Tätigkeiten sind in Ihrem Bereich möglich? Wer kann und will sich in Ihrem Bereich bei gemeinnützigen Organisationen einbringen? Es gibt vielfältige

Möglichkeiten, z. B. durch Sponsoring lokaler Vereine und Organisationen, als sog. Business Angel oder indem Sie eine Junior Schülerfirma in Ihrer Nähe konkret unterstützen.

Um Gedanken und Ideen für sich selbst und andere sichtbar zu machen, eignen sich mehrere gute und erprobte **Visualisierungsmethoden**. Die Voraussetzung dafür, überhaupt erst einmal etwas bildlich darstellen zu können, sind natürlich Fragen! Sie leiten und fassen zusammen, sie hinterfragen sprichwörtlich alte und womöglich verknöcherte Sichtweisen und sorgen für Impulse, die dann sukzessive skizziert und illustriert werden können.

Mit der Methode »**World Café**« können Sie Themen, die Ihr Projekt und Ihr Team bewegen, gut visualisieren und ausarbeiten. Bei dieser Methode gibt es mehrere Stehtische, an denen sich Personen einfinden und zu einem vorgegebenen Thema oder einem Problem spontan auf das »Tischtuch« – eine Papiertischdecke oder ein Flipchartblatt – etwas malen, zeichnen, schreiben. Die Gruppen wechseln mehrfach die Tische, machen sich jeweils mit dem vertraut, was die Vorgänger bereits zu Papier gebracht haben, und ergänzen. Das World Café nutzt die kollektive Intelligenz eines Teams und visualisiert Gedanken und Impulse, auf denen dann später weiter aufgebaut werden kann.

Bei einem »**Fish-Bowl**« können Sie ebenfalls Ihr Visualisierungstalent unter Beweis stellen! Ein »Fish-Bowl« ist eine besondere Art der Diskussionsrunde zu einem festgelegten Thema, bei dem eine kleine Gruppe von Teilnehmern dieses Thema diskutiert, während die übrigen Teilnehmer in einem Außenkreis der Diskussion folgen. Möchte ein Teilnehmer des Außenkreises mitdiskutieren, kann er einem der Diskussionsteilnehmer auf die Schulter klopfen und nimmt dann dessen Platz in der Runde ein. Ein Moderator hält alles, was gesagt wird, in Bildform auf großen Metawänden fest, so dass am Ende ein »Graphic Recording« das Gesagte sinnvoll zusammenfasst und für alle Teilnehmer noch einmal vor Augen hält, um was es ging.

Ein »**Barcamp**« wird häufig auch als »Unkonferenz« bezeichnet, denn es ist eine Tagung mit offenem Format und ohne vorher festgelegtem Thema. Die Teilnehmer der Tagung entwickeln die Inhalte und den Ablauf zu Beginn der Tagung selbst und gestalten alles im weiteren Verlauf. So entstehen unterschiedliche Arbeitsgruppen, die mögliche Projekte erarbeiten, Problemlösungen eruieren oder einfach ihr

Wissen und ihre Erfahrungen austauschen. Auch hier eignet es sich hervorragend, den Verlauf des Barcamps zu visualisieren.

Ein »**Meetup**« ist häufig die Online-Variante eines Treffens von Menschen, die sich für ein bestimmtes Thema interessieren und sich zu diesem austauschen möchten. Aber es gibt auch lokale Meetups, bei denen sich Gleichgesinnte treffen und vernetzen. Auch im geschäftlichen Umfeld sind Meetups geeignet, um Mitarbeiter zu bestimmten Themen zusammenzubringen, den Austausch zu nutzen und Synergien zu verstärken. Egal, ob online oder offline, eine passende Visualisierung ist bei dieser Methode hilfreich. Online können z. B. Mindmapping-Tools benutzt werden oder Kollaborationstools, die oftmals virtuelle Whiteboards bieten. Oder es gibt Möglichkeiten, Canvas-Methoden zu nutzen, wie z. B. eine Empathy-Map oder ein Project Canvas.

Abb. 12: *Skizzen von Visualisierungsformaten*

Auch für die Anwendung der OKR-Methode gibt es eine Handvoll praxiserprobter Tipps:

! **Tipps für die Anwendung der OKR-Methode:**

- Konzentrieren Sie sich auf das »Big Picture« Ihres Unternehmens!
- Implementieren Sie einen praktikablen Zielvereinbarungsprozess und halten Sie diesen agil und kurzzyklisch.
- Entwickeln Sie die Ziele partizipativ und mischen Sie dabei top-down und bottom-up, damit alle Meinungen zum Tragen kommen können.
- Stärken Sie das Selbstmanagement Ihres Unternehmens, Ihrer Abteilungen, Ihrer Mitarbeiter – und befassen Sie sich mit diesem Futureskill!
- Lassen Sie die Key Results intrinsisch motiviert sein und vermeiden Sie eine typische extrinsische Verknüpfung mit den üblichen Varianten (z. B. Vergütung etc.).
- Lassen Sie Ihren Mitarbeitern Freiraum für Kreativität und geben Sie ihnen die nötige Freiheit und vor allem die nötigen Befugnisse, damit sie frei agieren und entscheiden können.
- Schaffen Sie eine Führungskultur in Ihrem Unternehmen, bei der sich die Führungskräfte als Ermächtigte und Befähigte sehen und sich als Coach ihrer Mitarbeiter verstehen können.
- Lösen Sie sich vom Scheuklappen-Denken, es gibt weit mehr als nur »meine Abteilung«, »mein Team«! Andere Abteilungen, andere Unternehmen sind nicht zwangsläufig Feinde, sondern bringen Ihnen Inspiration und einen Perspektivenwechsel, denn nur, wenn alle gemeinsam an Zielen arbeiten, kann das Unternehmen erfolgreich werden. Die Führungskraft, die dazu beiträgt, dass auch andere »strahlen« können, wird auf positive Weise sichtbar!

3.3.3 Interviews mit Führungskräften

Axel Manøe Jepsen

MF & MJ: *Wie können Führungskräfte in Zukunft sichtbarer werden?*

AMJ: Als Manager musst du sichtbar sein. Man muss dich sehen, fühlen und merken, was will der Manager mit der Firma, mit den Mitarbeitern.
Er muss ein klares Bild von der Firma haben und sich dies vor Augen führen! Es ist mir wichtig, dass die Mitarbeiter mich spüren und mich kennen. Sie sollen wissen, wie ich denke und was mir wichtig ist.

Aber wichtig ist – der Manager ist kein Gott!!! Nur weil der Manager etwas sagt, muss es nicht immer das Beste sein. Es ist wichtig, dass die Mitarbeiter sie selbst sein können und dass sie Vertrauen zur Führungskraft haben. Dafür müssen sie aber wissen, wie der Manager denkt. Ich lebe als Manager meine Werte und fokussiere mich auf den Menschen. Ich muss als Führungskraft dieselbe Person sein, die ich auch privat bin. Wenn die Werte über allem stehen und zu mir passen, dann lebe ich sie auch und werde genauso von den Mitarbeitern wahrgenommen. Auch die Unternehmenskultur ist sehr wichtig für die Sichtbarkeit. Aber – es ist auch wichtig, dass die Führungskraft eine gute Erziehung hat und da auch schon Werte vorgelebt und beigebracht bekommen hat. Wenn die Mitarbeiterzahl sehr groß ist, wird es schwieriger. Aber, wenn die Führungskraft Präsenz zeigt und die Werte lebt, dann wird sie auch sichtbar. Sichtbarkeit macht das Leben für einen CEO oder Managing Director leichter! Denn schon bei der Auswahl der Mitarbeiter fängt es an. Ich will meine Mitarbeiter kennen. Denn – ich möchte ja auch niemanden zu mir nach Hause einladen, den ich nicht kenne. Und wenn die Führungskraft sich Zeit nimmt, um sichtbar zu werden, funktioniert alles besser.

MF & MJ: *Ist eine Karriere ohne Sichtbarkeit und Networking in Zukunft auch möglich?*

AMJ: Gar nicht. Denn Sichtbarkeit, ohne dass wir uns an den vielen orientieren, funktioniert nicht. Trotzdem muss Sichtbarkeit erst mal im Kleinen funktionieren, damit es im Großen funktioniert. Ohne Networking wird es schwierig. In Dänemark muss sich eine Führungskraft immer im Netz sichtbar machen. Gerade auch beim Recruiting. Bist du nicht sichtbar, wirst du nicht gefunden. Also ist ohne Sichtbarkeit keine Karriere möglich.

MF & MJ: *Welche Haltung hat die ideale Führungskraft für Sie?*

AMJ: Führung bleibt grundsätzlich mehr oder weniger gleich ..., aber es kommt darauf an, schnell genug zu sein, um Änderungen wahrnehmen zu können. Die ideale Führungskraft muss einfach die Augen offenhalten und sichtbar bleiben – und auch andere sehen und wahrnehmen. Wer träge ist, kann kein Geschäft machen. Es kommt auf Offenheit an, auf Authentizität und auf gelebte Werte. Und es braucht Wissen darüber, wie Führung funktioniert. Konzerne werden es schwer haben in Zukunft, denn sie sind zu träge. Kleinere und mittlere Firmen haben es besser – sie können besser agil werden und sind schneller sichtbar. Also wird da auch Führung leichter, denn alle können mitdenken und agieren – nicht nur reagieren.

Katharina Krentz

MF & MJ: *Wie können Führungskräfte in Zukunft sichtbarer werden?*

KK: »Nur wer sichtbar ist, findet auch statt«, sagte sehr treffend Tijen Onaran, Gründerin der Global Digital Women. Das heißt nicht, dass man nicht existent ist oder keine gute Arbeit leistet, wenn man nicht sichtbar ist. Aber wer nicht sichtbar ist, der kann nur in seinem persönlichen, direkten Umfeld seiner Rolle als Führungskraft gerecht werden. In der heutigen, immer digitaleren, komplexeren Zeit ist dies aber nicht genug. Menschen wünschen sich Führung, wünschen sich Vorbilder, wünschen sich Menschen, die mutig vorausgehen, inspirieren, sich als Mensch zeigen. Hier kann über den eigenen digitalen Zwilling, über interne und externe Social-Media-Werkzeuge sehr einfach Sichtbarkeit erlangt werden. Auf internen Plattformen können über Blog Posts, Status Aktualisierungen, Kommentare und Likes Inhalte, Wissen und die eigenen Ideen und Meinungen geteilt, Wertschätzung und Anerkennung gezeigt werden und man kann aktiv zusammenarbeiten. Das Gleiche ist auf externen Kanälen und Plattformen möglich, wie z. B. auf LinkedIn, Twitter, Xing, Instagram & Co. Jeder Kanal bzw. jede Plattform dient unterschiedlichen Anwendungsfällen. Hier gilt es, das richtige Medium auszuwählen und für sich zu nutzen. Durch gute, inhaltlich wertvolle Beiträge, geschicktes Verlinken zu anderen Ressourcen und eigenen Vorbildern sowie durch einen aktiven Dialog mit der Leserschaft lässt sich hier schnell Reichweite aufbauen und somit Sichtbarkeit erlangen. Wer nur nach Selbstdarstellung strebt, verliert diese Reichweite oftmals schnell wieder. Wer es aber ernst meint und sich aufrichtig dem Thema »Führung« verschreibt, der wird sich bald über qualifiziertes Feedback, wertvolle Kommentare und ein breites, diverses Netzwerk an Inputgebern freuen. Und die Mitarbeitenden haben die Möglichkeit, ihre Führungskraft in einem anderen Licht zu sehen, informiert zu bleiben und sich auch virtuell auszutauschen. Zumindest mich als Mitarbeitenden zieht eine sichtbare Führungskraft sehr an!

MF & MJ: *Ist eine Karriere ohne Sichtbarkeit und Networking in Zukunft auch möglich?*

KK: Ich glaube nur noch in ganz kleinen Unternehmen, wo jeder jeden kennt und sich nicht viel ändert. Denn als Einzelunternehmer oder Führungskraft in mittleren oder größeren Unternehmen geht nichts mehr ohne Netzwerke und dementsprechende Sichtbarkeit. Wie sonst werden Talente sichtbar, wird man weiterempfohlen, erkennt man sich ergebende Chancen oder wird auf solche hingewiesen?
Ich selbst habe mich seit 2008 auf keine Stelle mehr aktiv beworben – mir werden Stellen angeboten, sowohl innerhalb als auch außerhalb meines Unternehmens. Warum? Weil sichtbar ist, wofür ich stehe, was ich kann, was mich motiviert und interessiert. Zudem erhalte ich immer wieder Bewerbungen von Mitarbeitenden, die gerne mit mir arbeiten wollen, weil sie von meinen Themen und meiner Art zu arbeiten inspiriert werden. Für mich ein Win-win für vergleichsweise wenig Investment.

MF & MJ: *Welche Haltung hat die ideale Führungskraft für Sie?*

KK: Menschen sind komplex und divers und mir gefällt es, ihnen dabei zu helfen, ihre Fähigkeiten zu entdecken, sich weiterzuentwickeln, voranzukommen und Freude am eigenen Wirken zu empfinden.

4 Empathie

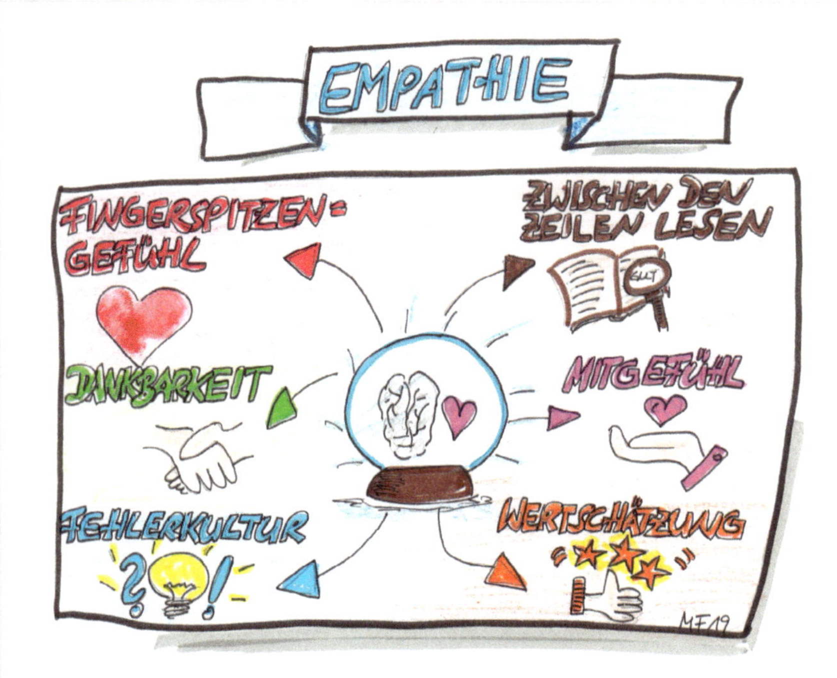

Abb. 13: *Übersicht Empathie*

4.1 Einführung

4.1.1 Rahmenhandlung

Dass es heutzutage nicht nur auf den berühmten IQ, den Intelligenzquotienten ankommt, sondern dass es auch um den Sozialen (SQ) und Emotionalen Quotienten geht (EQ), diese Information ist bei der Führungskraft Thomas Michael Müller bereits angekommen und fest verankert. Und gerade beim EQ ist ein wichtiges Schlagwort die Empathie! Das berühmte Fingerspitzengefühl, das wir im Umgang mit anderen Menschen unbedingt haben sollten – gerade in der Führung. Thomas Michael Müllers eigener Chef hat null Empathie, wie es scheint. Er kann sich so gar nicht in die Bedürfnisse und Situationen seiner Untergebenen einfühlen – und erntet damit immer nur Unverständnis und Missmut. Der »Neue« hingegen, der Bereichsleiter der Nachbarabteilung – der scheint das mit der Empathie wirklich drauf zu haben. Er weiß immer, wie sich sein Team fühlt, was gerade Tango ist und wer von den Jungs und Mädels wie »angepackt« werden will, um beruflich wunderbar effizient zu »performen«. Thomas Michael Müller stellt sich jetzt natürlich die Frage: Kann man Empathie lernen? Gibt es da Tricks und Kniffe? Und wie viel Empathie braucht die moderne Führungskraft von heute und morgen überhaupt? Thomas Michael Müller ist sich bewusst, dass eine Führungskraft im Topmanagement heutzutage ein solches **Futureskills** *wie* ***Empathie*** *benötigt, weil »in den oberen Etagen« zweifelsfrei ein anderer Wind weht und es scharfe Spielregeln gibt. Aber auch für ihn im mittleren Management ist Empathie augenscheinlich wichtig, weil Thomas Michael Müller erkannt hat, dass Führungskräfte in diesem Segment wie Übersetzer zwischen den Mitarbeitern und der obersten Führungsriege zu fungieren haben. Thomas Michael Müllers Frau Patricia wirft ihm des Öfteren vor, er habe viel zu wenig Empathie und würde ihre Wünsche nicht erkennen – vor allem, wenn Schuhgeschäfte darin involviert wären. Thomas Michael Müller ist der festen Überzeugung, ohne Empathie und das gewisse Etwas geht es nicht in der Welt der Führungskräfte.*

4.1.2 Warum dieses Futureskill

Empathie ist ein zentrales **Futureskill** und Grundlage für Wachstum und Fortschritt – sowohl, was den Einzelnen in unserer Gesellschaft angeht, als natürlich auch jeden, der eine Führungsposition in einem Unternehmen bekleidet. Empathie bedeutet Einfühlungsvermögen und ist eine ausgesprochen menschliche Fähigkeit, denn bei ihr geht es darum, sich in andere hineinzuversetzen und sie zu verstehen. Es gilt allerdings ganz klar zu differenzieren – Empathie sollte nicht mit Sympathie oder gar Mitleid verwechselt werden, denn Sympathie beruht auf Übereinstimmung und dem »gleich Denken« wie der andere; und Mitleid ist der starke Impuls, den anderen zu trösten und im wahrsten Sinne des Wortes mitzuleiden. Mit beidem hat Empathie nichts zu tun. Wenn eine Führungskraft die Bedürfnisse ihrer Mitarbeiter spüren kann und empathisch ist, führt das fast automatisch zu mehr Anerkennung und Wertschätzung, zu mehr Aufmerksamkeit und Sensibilisierung. Die Kooperationsbereitschaft steigt, die Produktivität im besten Falle ebenfalls – und die gemeinsame Arbeit ist geprägt von Glück und Effizienz.

In Unternehmen wird nach der »Generation Y« (die 1980 bis 1994 Geborenen) zudem die »Generation Z« (die ab 1995 Geborenen) immer wichtiger. Das ist eine Generation, die ein signifikant anderes Denken hat – auch in Bezug auf das Thema Führung. Sie legt wesentlich mehr Wert auf Familie und Freunde; und Empathie ist ein wertvolles **Futureskill**, um gerade auch die sozialen Aspekte in der (künftigen) Führungswelt zu bedienen. Demnach hat Empathie gerade bei jungen Mitarbeitern und (angehenden) Führungskräften einen höheren Stellenwert als bei der älteren Generation. Emotionen sind nicht nur akzeptiert, sondern werden als wichtig angesehen. **Fehlerkultur** ist auf dem Vormarsch und mit ihr wird es auch immer mehr akzeptiert, Schwächen zu zeigen – und damit seine Stärke unter Beweis zu stellen. Empathie ist gelebte **Wertschätzung** und Fürsorge – und genau damit gewinnen Unternehmen auch dringend benötigte junge Talente, die sich hoch innovativ einbringen und bei denen Misserfolge auf Akzeptanz stoßen, weil sie ein wichtiger Schritt auf dem Weg zum Erfolg sind.

In Unternehmen, in denen Empathie zu den gelebten Werten gehört, wird die Führungsspitze gefeiert, ohne dass dies von ihr erst eingefordert werden muss. Transparenz wird gelebt und ist nicht nur ein hohles *Buzzword* in einem golden eingefassten »Mission Statement«. Empathie hilft beim Markenaufbau und liest eben auch zwischen den Zeilen – im Positiven Sinn. Ethik und Empathie stehen dabei in engem Zusammenhang, und die Führungskraft mit Empathie wird zum echten Vorbild. Im Amerikanischen hat sich der Begriff geprägt »*walk your talk*«, d. h., die Führungskraft soll genau das vorleben und umsetzen, was sie auch »predigt«. Wenn eine Führungskraft mit Empathie im Unternehmen als Vorbild gesehen werden kann, dann nimmt man sich an ihr auch wirklich ein Beispiel und es entsteht ein echter Aufbau von Beziehungen.

Empathie gehört zu einem Führungsstil, der nicht nur mitarbeiterorientiert, sondern auch aufgabenorientiert ist, und bei dem Vorgesetzte auf Mitarbeiter eingehen und deren Potenziale optimal ins Tagesgeschäft zu integrieren verstehen. Dadurch werden Unternehmen messbar erfolgreicher. Es kommt darauf an, dass sich Mitarbeiter und Führungskräfte mit dem Unternehmen identifizieren können, um es voranzutreiben. Der monetäre Aspekt eines Arbeitsverhältnisses ist schon längst nicht mehr der ausschlaggebende Faktor extrinsischer Motivation. Wer für Geld kommt oder bleibt, der geht auch für Geld. Aber wer sich mit dem Unternehmen identifiziert und sich in die menschlichen Belange seiner Mitarbeiter einfühlen kann, der wirkt nachhaltig am Erfolg des Unternehmens mit.

Unternehmen, die immer noch nach dem »Command & Control«-Prinzip leben, werden auf lange Sicht keine Chance auf dem Markt haben, denn wenn Mitarbeiter zu stark kontrolliert werden und Angst haben, dann sinkt die Kreativität und die Firmen haben keine Innovationen mehr. Der Arbeitsmarkt hat sich in den letzten Jahren so grundlegend gewandelt, dass die Unternehmen den Bewerbern etwas bieten müssen – und nicht mehr ausschließlich umgekehrt. Das heißt, ohne das berühmte Fingerspitzengefühl und Empathie werden Firmen keine Bewerber mehr finden und über kurz oder lang vom Markt verschwinden.

4.2 Wissenschaftlicher Bezug

Nach einer Studie von Sarina Rodrigues und Forschern an der University of California in Berkeley ist belegt, dass Empathie und Mitgefühl in unseren Genen verankert sind. Die Studie besagt, dass Menschen evolutionstechnisch nur deshalb überlebt hätten, weil sie »*Kapazitäten für jene entwickelt haben, die hilfsbedürftig waren und mit ihnen kooperierten.*« Die Forscher um Sarina Rodrigues und Dacher Keltner, Direktor am Greater Good Science Center, fanden heraus, dass der Oxytocin-Gen-Rezeptor bei Empathie eine Schlüsselrolle spielt. Laut Sarina Rodrigues und ihrem Forscherteam sind Menschen mit einer speziellen Variation dieses Gen-Rezeptors »*besser in der Lage, den emotionalen Status von anderen zu lesen und reagieren unter angespannten Bedingungen weniger stressanfällig.*«

Im Rahmen der Studie bekam eine Anzahl von Probanden einen bestimmten Geldbetrag zur Verfügung gestellt, den sie für Spiele unterschiedlicher Art und Komplexität für das Allgemeinwohl verwenden durften. Die Probanden, die großzügiger waren, erhielten von ihren Mitstreitern mehr Anerkennung, mehr Geschenke und mehr Aufmerksamkeit. Zudem hatten die großzügigeren und empathischeren Probanden innerhalb der Peergroup einen höheren Stellenwert erreicht und genossen eine höhere Akzeptanz bei Entscheidungen. Die Studie ergab zudem, dass egoistisches Verhalten zu Ablehnung führt und fehlende Empathie zur Folge hat, dass »*in engstirnigem Selbstinteresse gehandelt*« wird, was dazu führt, dass diese Menschen »*von anderen gemieden, nicht respektiert und sogar gehasst werden.*«

Menschen mit Empathie können nachweislich besser mit Stress umgehen. Außerdem bewirkt Empathie mehr Kooperation und soziale Verbindungen und sorgt damit für ein glücklicheres und erfüllteres Leben. Natürlich kann Empathie auch anstrengend sein, sie sorgt aber im positiven Sinn für Glücksgefühle und Hormonausschüttungen – was nachweisbar ist – und schafft einen positiven Sinn für Zufriedenheit einfach schon dadurch, weil das Miteinander in unserer Gesellschaft beruflich wie privat mit Empathie einfach besser funktioniert.

Die Kehrseite der Medaille in Bezug auf Empathie ist allerdings laut einer konzeptionellen Studie von Forschenden aus Passau und den USA, dass sie zu absurden Entscheidungen führt und dem Unternehmen in Krisensituationen schaden kann, vor allem, wenn zur Empathie noch zu viel Mitgefühl oder gar Mitleid kommen. Prof. Dr. Andreas König, Inhaber des Lehrstuhls für Betriebswirtschaftslehre mit Schwerpunkt strategisches Management, Innovation und Entrepreneurship an der Universität Passau, fand heraus, dass Empathie häufig zu »*falschem Alarm*« führt. »*Je empathischer eine Führungskraft ist, umso schneller erkennt sie mögliche Warnsignale – wird aber auch Krisen sehen, wo keine sind*«, so König.

Es ist also Vorsicht geboten vor dem voreiligen Übernehmen von (möglicherweise zu viel) Verantwortung, sonst kann das Bild, das man von der Führungskraft hat (und von der Organisation, die sie repräsentiert) schnell kippen und negativ anmuten. Vor allem in Krisensituationen oder in Situationen von gravierenden Veränderungsprozessen ist Empathie mitunter ein Nachteil. Die Führungskraft kämpft oft sprichwörtlich gegen Windmühlen, weil sie viel erkennt – oder zu erkennen glaubt – aber keine Möglichkeit hat, zu handeln.

4.3 Praxisbezug

4.3.1 Methoden und Umsetzung

Empathie muss trainiert werden und beginnt zunächst im Kleinen, dann im Großen. Es reicht nicht, einfach nur freundlich zu sein. Es muss ein Bewusstsein geschaffen werden für die sprichwörtlichen kleinen Dinge. Empathie ist der Schlüssel zum Verständnis wahrer Führung. Lebenserfahrung und eine gute Selbstwahrnehmung helfen bzw. sind sogar elementare Voraussetzung für Empathie. Empathische Führungskräfte erkennen die Motivation hinter dem Handeln ihrer Mitmenschen und schaffen es so, Demotivation zu verhindern.

Empathische Führungskräfte verstehen sich auf die Kunst des richtigen Feedbacks und können unterschiedliche Blickwinkel einnehmen. Deshalb hilft Empathie Führungskräften dabei, Lösungen zu finden, die bei Mitarbeitern und Kollegen auf breite Zustimmung stoßen und Veränderungsprozesse unterstützen.

Feinde der Empathie sind Egozentrik, Misstrauen, Werteverlust, individueller Wettbewerb (bei dem es um Erfolg um jeden Preis geht) und negatives Klassen- bzw. Silodenken (wenn Herkunft und Bildung über den sozialen Status entscheiden). Nachgewiesenermaßen verfügen Narzissten über keine Empathie. Narzisstische Führungskräfte sind trotzdem erfolgreich, da sie empathisches Verhalten von anderen spiegeln können und so den Eindruck erwecken, sie hätten Empathie.

Um Empathie als **Futureskill** zu etablieren und zu nutzen, ist der Blick auf **Lean Leadership** hilfreich. Das Lean-Leadership-Führungsmodell unterscheidet sich sehr von den herkömmlichen Führungsmodellen und wurde durch das Führungskräfte-Entwicklungsprogramm bei Toyota bekannt. Im Umgang mit Mitarbeitern heißt Führen im Sinne von Lean Leadership, die Mitarbeiter zu fördern und zu fordern. Hierzu gehört auch ein permanentes und gegenseitiges Feedback. Notwendig ist hierbei viel Empathie.

Das Lean-Leadership-Modell beinhaltet vier Stufen/Dimensionen:

- Stufe 1: Sich als Führungskraft selbst entwickeln.
- Stufe 2: Andere Menschen coachen und entwickeln.
- Stufe 3: Tägliche kontinuierliche Verbesserung (Kaizen).
- Stufe 4: Eine Vision schaffen und die Ziele abstimmen.

Angelehnt an die Prinzipien des Lean Management zeigen die vier Stufen die ganzheitliche Aufgabe der Führungskraft. Die Anforderungen an die Führungskraft sind dabei sehr hoch, doch »*wenn es ein Rezept für den Erfolg gibt, besteht es darin, sich in die Lage anderer Menschen zu versetzen*« (A. Schopenhauer). Im Sinne des Lean Leadership geht es zum einen darum, Grundwerte und das nötige Mindset zu vermitteln und eine Verbindung zwischen Wertschöpfung und Wertschätzung herzustellen. Zum anderen geht es – ähnlich wie beim klassischen Lean Management – darum, Prozesse zu hinterfragen und nach Verbesserungen zu streben. Wichtig ist es zudem, eine Lernkultur zu entwickeln, und zu guter Letzt, die Mitarbeiter selbst zu entwickeln, z. B. mittels Shopfloor Management.

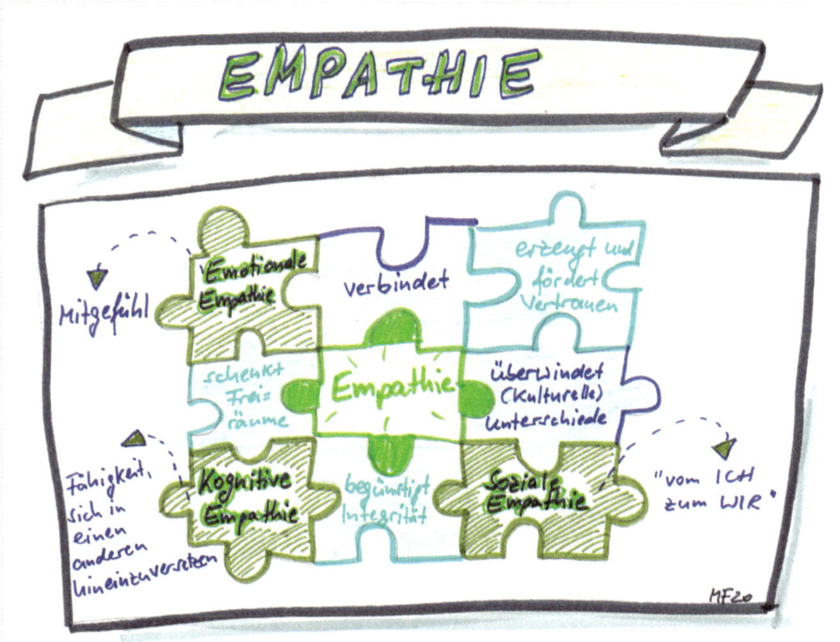

Abb. 14: *Empathie besteht aus vielen Puzzlestücken*

4.3.2 Praxistipps

Um sich als Führungskraft in Empathie zu üben, sollten Sie Folgendes beherzigen: !

- Aktiv zuhören (ohne zu werten!)
- Lernen, die Sichtweise des anderen zu übernehmen und zu verstehen (»eine Meile in den Mokassins des anderen laufen«)
- Zwischen den Zeilen lesen, aber sich rückversichern, dass die Interpretation »passt«!
- Emotionale Tragweite von jeder (eigenen) Entscheidung verstehen lernen und antizipieren
- Fair bleiben – auch sich selbst gegenüber
- Eigene Grenzen erkennen und sich nicht von Gefühlen überrollen lassen
- Unvoreingenommen und vorurteilsfrei bleiben
- Sich selbst und anderen Zeit schenken
- Öfter mal in die Beobachterposition wechseln
- Offene Fragen stellen und echtes Interesse zeigen

- Achtsamkeit und Wertschätzung leben, Mitgefühl entwickeln
- Klar und konkret in der Sache sein; Kritik dort anbringen, wo sie erforderlich ist, aber ohne zu verurteilen – Empathie heißt keinesfalls, immer »dafür« zu sein!

Achten sie auf die Menschen in Ihrem Umfeld und finden Sie heraus, was diese Menschen denken und fühlen, was sie von anderen zu einem bestimmten Thema hören oder sehen. Was wissen diese Menschen jetzt schon über ein bestimmtes Thema? Im Positiven wie auch im Negativen? Was sagen oder tun diese Menschen?

In Ihrem Unternehmen gibt es sicherlich ein Beschwerdemanagement. Das ist eine gute Spielwiese für den Umgang mit bzw. das Erlernen von Empathie! Es reicht einfach nicht, nur freundlich zu sein, wenn ein Kunde eine Beschwerde hat. Was genau bewegt den Kunden zu dieser Beschwerde? Was ist zuvor geschehen? Was steckt hinter allem und welche Konsequenzen leiten Sie davon möglicherweise ab?

Ein Beispiel aus der Praxis:

Ein Stammgast eines großen Themenhotels hatte dort vor Ort bereits für den nächsten Aufenthalt ein Zimmer gebucht und bekam dies auch per E-Mail bestätigt. Dann aber erhielt er wenige Tage vor dem bereits gebuchten Hotelaufenthalt eine erneute Mail, diesmal aber in einem scharfen Ton seitens der Reservierungsabteilung des Hotels, der Stammgast hätte seinen Besuch noch nicht bestätigt und demzufolge würde man das Zimmer gerne anderweitig vergeben, sofern der Stammgast sich nicht umgehend melde. Der Stammgast griff sofort zum Telefon, um seinem Erstaunen Ausdruck zu verleihen, denn solch eine Situation hatte er mit diesem renommierten Themenhotel zuvor noch nie erlebt. Die Ansprechpartner von der Reservierungsabteilung waren zwar sehr freundlich, doch waren sie außerstande, sich in die Situation des Stammgastes hineinzuversetzen.

Der nächste Schritt war die Kontaktaufnahme mit der Beschwerdeabteilung des Hotels. Auch dort – durchweg sehr freundliche Mitarbeiter. Allerdings waren auch sie offensichtlich außerstande, sich in den zwischenzeitlich erbosten Stammgast hineinzuversetzen, der immer enttäuschter von dem Hotel wurde, das für ihn und seine Familie bisher als wunderbar und unfehlbar galt. Diese Enttäuschung des Stammgastes wurde jedoch leider von den Hotelmitarbeitern gar nicht wahrgenommen. Die Bekräftigungen, man habe seitens des Hotels nichts falsch gemacht und sei sich keiner Fehler bewusst, halfen auch nicht, die Laune des Stammgastes zu verbessern!

Anstatt der Sache wirklich auf den Grund zu gehen und Ursachenforschung zu betreiben, woher der Fehler denn kam und wie es dem Stammgast denn mit so einem für ihn unerwarteten, unschönen Erlebnis gehe, wurden lediglich freundliche Allgemeinplätze kommuniziert. Schade eigentlich! Mit Empathie wäre es besser gewesen – und ein richtiges »Hineindenken« in den Sachverhalt hätte bestimmt beim Hotelpersonal zur Erkenntnis geführt, dass der Stein dadurch ins Rollen gekommen war, dass die Kreditkartendaten des Stammgastes sich geändert hatten und es lediglich eines Nachfragens bedurft hätte, um alles wieder »auf Stand« zu bringen …

Seien Sie eine »echte Führungskraft« mit allen Facetten – und trotzdem bzw. gerade deshalb einer großen Portion Empathie. Stellen Sie Durchsetzungsvermögen unter Beweis – es ist eine Sache, die Gefühle, Situationen und Bedürfnisse des anderen erkennen zu können und eine andere, ob sie dies auch wirklich wollen. Ihre »Schilde hochzufahren« ist für Sie als Führungskraft manchmal nicht nur richtig, sondern eben auch wichtig. Entwickeln Sie das passende **Fingerspitzengefühl** für sich selbst und für Ihre Mitarbeiter – und drücken Sie Dank aus, in Taten wie in Worten, denn **Dankbarkeit** fördert Empathie!

Erfolgreiche Menschen führen häufig ein Erfolgstagebuch, in dem sie täglich ihre Erfolge notieren und aufschreiben, für was sie dankbar sind. Das hilft dabei, den Fokus nicht nur auf Daten, Zahlen, Fakten zu richten, sondern die eigene Empathie zu fördern.

Zeigen Sie auf erkennbare Weise Empathie durch **Kudo-Karten**. Die Idee der Kudo-Karten stammt aus dem Buch »Managing for Happiness« von J. Appelo. Es sind Karten, die hierarchieunabhängig und zwanglos als Ausdruck der Wertschätzung für Teammitglieder erstellt werden. Kudos stammt aus dem Griechischen und bedeutet Ruhm oder Ehre.

Um einen hohen Effekt zu erzielen, empfiehlt es sich, Kudo-Karten im Sichtbereich der Mitarbeiter zu platzieren. Kudo-Karten wirken positiv auf ihre intrinsische Motivation. Bei seiner Betrachtung bezieht sich Appelo nur auf die intrapersonale Beziehung desjenigen, der die Kudo-Karten erhält. Jedoch haben diese Karten auch einen Effekt auf denjenigen, der sie ausstellt. Die Führungskraft, die beispielsweise ein kurzes Dankeschön, »toll gemacht!«, »eine super Idee!« auf die Karte schreibt, wird dadurch anders – auch als empathischer – wahrgenommen.

4.3.3 Interviews mit Führungskräften

Axel Manøe Jepsen

MF & MJ: *Ist Empathie Ihrer Meinung nach angeboren oder erlernbar? Hat es etwas mit Talent zu tun oder gibt es Methoden, Empathie zu entwickeln? Warum denken Sie das?*

AMJ: Empathie ist genetisch. Man hat es – oder man hat es nicht. Es hängt aber auch von der Kindheit ab und von der Erziehung. Schon bei einem Kind wird festgelegt, wie empathisch es sein soll. Man kann lernen, den »eher weichen Part« in sich mehr zu zeigen, dann haben alle etwas davon.

MF & MJ: *Was verstehen Sie unter Empathie?*

AMJ: Eine Verbindung zu Leuten aufbauen zu können, sich in andere hineinversetzen zu können, um sie zu bewegen. Der Empfänger einer Nachricht ist immer wichtig. Und damit das funktioniert, muss ich mich in den Empfänger hineinversetzen. Ich muss eine Verbindung herstellen, dann kann ich später auch viel direkter kommunizieren.

MF & MJ: *Wie gehen Sie mit Menschen in Ihrem beruflichen Umfeld um, die ganz klar ein Empathie-Defizit haben?*

AMJ: Das mag ich absolut nicht gerne ... Denn es ist furchtbar, mit Menschen arbeiten zu müssen, die keine Empathie haben und für die andere Menschen nicht wichtig sind. Wenn Menschen ein Empathie-Defizit haben, werden sie keine gute Führungskraft sein können. Denn sie können mit Macht nicht umgehen. Wenn sich Menschen »innerlich klein fühlen« und keine Empathie haben, dann ist es beruflich eine Katastrophe.

Jan Morgenstern

MF & MJ: *Ist Empathie Ihrer Meinung nach angeboren oder erlernbar? Hat es etwas mit Talent zu tun oder gibt es Methoden, Empathie zu entwickeln? Warum denken Sie das?*

JM: Empathie kann zwar weiter ausgebaut werden – aber wir können nur mit dem arbeiten, was wir mitgegeben bekommen haben. Durch Erziehung, Elternhaus – und ja, vielleicht ist es deshalb auch genetisch. Von einer Führungspersönlichkeit erwarte ich einfach, dass sie so eine Fähigkeit hat. Anlernen ist schwer. Man hat es – oder eben nicht. Und nur, wenn man es hat, dann kann auch Selbstreflexion funktionieren.

MF & MJ: *Was verstehen Sie unter Empathie?*

JM: Ist natürlich ein Buzzword. Aber nach meinem Verständnis bedeutet Empathie grundsätzlich die Fähigkeit, sich in andere Menschen in welcher Situation auch immer hineinversetzen zu können. Den Menschen zu verstehen und dann in der Lage zu sein, meine Situation zu erklären. Es bedeutet aber auch, zu antizipieren, wie man im Gemeinwesen miteinander optimal klarkommt, um etwas Optimaleres, Schöneres für uns alle herausholen zu können.

Ich sage meinen Anwälten auch immer: »Ihr müsst anfangen nachzudenken, was bestimmte Dinge für den anderen bedeuten und wie es weitergeht, wenn eure Arbeit getan ist. Überlegt euch, ob das, was ihr macht, für den anderen angenehm ist.« Empathie hat etwas mit Standing zu tun. Und damit, das dann auch zu leben. Immer überlegen, wie ein anderer etwas wahrnimmt.

MF & MJ: *Wie gehen Sie mit Menschen in Ihrem beruflichen Umfeld um, die ganz klar ein Empathie-Defizit haben?*

JM: Da stoße ich zugegebenermaßen an meine Grenzen. Es ist so, wenn man jemandem x-mal etwas erklärt und der andere es einfach nicht versteht. Wenn ich Mitarbeiter oder Kollegen habe, die ein Empathie-Defizit haben, dann versuche ich, auf diesen Menschen einzuwirken und muss mich mit dieser Person stetig auseinandersetzen. Solange ich noch eine kleine Chance habe, etwas positiv zu gestalten, mache ich das auch. Aber wenn da jemand ist, der zu empathielos ist und Unruhe in den sozialen Frieden hineinbringt, dann muss ich mir die Frage stellen, ob es Sinn macht, an dieser Person festzuhalten. Ich habe lieber 11 Mitarbeiter, die keine absoluten High-Performer sind, als einen Mega-Performer, der querschlägt. Zum Glück hatte ich diese Situation noch nie – was aber auch daran liegt, dass ich bei der Auswahl meiner Mitarbeiter schon darauf achte, ob da Empathie vorhanden ist. Es geht ja längst nicht nur um Fachthemen. Leider haben kleinere Unternehmen oder Start-ups nicht immer die Möglichkeit, ihre Mitarbeiter eben auch nach Empathie-Gesichtspunkten auszuwählen, sondern müssen die High-Performer nehmen – auch, wenn diese Menschen vielleicht nicht das Empathie-Level haben, das nötig wäre. Als Führungskraft brauche ich viel Empathie, denn das operative Geschäft tritt mehr und mehr in den Hintergrund und das Führen von Menschen ist einfach Hauptthema. Ohne Empathie geht das nicht! Fachkenntnisse hin oder her – die Social Skills sind um Klassen wichtiger geworden! Gerade auch in unserer digitalen Welt!

Daniel Stumpf

MF & MJ: *Ist Empathie Ihrer Meinung nach angeboren oder erlernbar? Hat es etwas mit Talent zu tun oder gibt es Methoden, Empathie zu entwickeln? Warum denken Sie das?*

DS: Grundsätzlich bin ich der Meinung, dass alles erlernbar ist. Es braucht dazu die Erkenntnis, dass man etwas nicht kann bzw. nicht in einem Maß beherrscht, welches man selbst erreichen möchte. Und dann braucht es den Willen, das zu ändern. Verfügt man über Talent für etwas, fällt Lernen leichter. Talent hingegen ist nicht erlernbar. Das heißt, eine Tätigkeit oder Fähigkeit liegt mir entweder oder sie liegt mir weniger. Das bedeutet meines Erachtens, dass jeder Mensch über ein gewisses Maß an Empathie verfügt. Ist dieses Maß so gering, dass immer wieder Situationen entstehen, die Unverständnis auf einer Seite und daraus folgend auch Konflikte auslösen, braucht es als Grundvoraussetzung Selbsterkenntnis und dann intrinsische Motivation, daran zu arbeiten. Ohne Selbsterkenntnis, dass die eigene Empathie nicht sehr ausgeprägt ist, ist ein Vorhaben »empathischer zu werden« allerdings zum Scheitern verurteilt.

MF & MJ: *Was verstehen Sie unter Empathie?*

DS: Über eine Definition hinaus, wie die Fähigkeit, sich in andere einzufühlen, bedeutet Empathie für mich auch, dass man sich für Menschen, deren Empfindungen, Erlebnisse und vielleicht aktuelle Herausforderungen interessiert und auf dem Schirm hat, dass nicht immer die naheliegendste Tatsache die Ursache eines Verhaltens oder eines Vorkommnisses ist.

MF & MJ: *Wie gehen Sie mit Menschen in Ihrem beruflichen Umfeld um, die ganz klar ein Empathie-Defizit haben?*

DS: Ich habe kein Allheilmittel. Aber ich durfte vor Jahren eine Erfahrung machen, die mir selbst das Gefühl gegeben hat, nicht gänzlich frei von Empathie zu sein und mich heute noch sehr froh und auch stolz macht. Ich hatte bei einer neuen Stelle die Verantwortung für verschiedene administrative Teams. Eine Mitarbeiterin war im Kreis der Kollegen nicht sonderlich beliebt. Sie wurde als launisch, unkollegial und zum Teil störrisch wahrgenommen und fehlte des Öfteren. In einem Personalgespräch vertraute Sie mir an, dass Sie beim Gedanken an den nächsten Arbeitstag oft nicht einschlafen könne. Vielleicht ist es mir gelungen, ihr Vertrauen zu gewinnen, weil sie nicht das Gefühl hatte, ich würde sie vorverurteilen. Wir haben ihren Vertrag auf eine 4-Tage-Woche angepasst, wobei der freie Tag nicht fest definiert war, sondern quasi als Joker nach einer schlaflosen Nacht genutzt werden konnte. Das Ergebnis war erstaunlich. Sie war nach etwa einer Woche im neuen Modell in einer ganz anderen Stimmung: entspannt, fröhlich, hilfsbereit. Ich würde gar behaupten, dass sie trotz der 4-Tage-Woche mehr geleistet hat als vorher in Vollzeit. Der »Joker« hat ihr unheimlich viel Druck genommen. Glücklicherweise war ein solches Modell in diesem Team möglich und andere Maßnahmen mussten in der Folge gar nicht getestet werden. Sowohl die Leiterin des Teams als auch mein damaliger Vorgesetzter waren jedoch von der Änderung alles andere als angetan. Sie sprachen sich dagegen aus. Ich würde behaupten, dass deren Maß an Empathie nicht sonderlich ausgeprägt war. »Jetzt wird die für ihre Laune auch noch mit weniger Stunden belohnt ...«. Den tatsächlichen Grund für diese Maßnahme konnte ich nicht nennen. Dann hätte ich das Vertrauen der Mitarbeiterin missbraucht. Ich konnte nur für Vertrauen in meinen Vorschlag werben und es als Versuch darstellen, der entweder hilfreich ist oder gar nichts ändert. Zum Glück hat der Erfolg mich bestätigt. Daher würde ich zusammenfassen, dass Menschen mit Empathie-Defizit nur mit Fakten und Ergebnissen entgegenzutreten ist. Ich bezweifle auch, dass derlei Erfahrungen etwas verändern.

Lorenzo Scibetta

MF & MJ: *Ist Empathie Ihrer Meinung nach angeboren oder erlernbar? Hat es etwas mit Talent zu tun oder gibt es Methoden, Empathie zu entwickeln? Warum denken Sie das?*

LS: Empathie haben wir alle, wir können sie häufig nicht leben, weil der Stress und Zeitdruck zu groß sind. Alles muss schnell gehen und der Tag rast in Sekundenschnelle an uns vorbei. Wir können es wieder lernen, indem wir im JETZT sind und einer Sache oder einem Menschen unsere Aufmerksamkeit geben. Gelingt uns das, ohne dass wir uns ablenken lassen, nehmen wir unser Gegenüber wahr oder verstehen Dinge besser.

MF & MJ: *Was verstehen Sie unter Empathie?*

LS: Empathie bedeutet für mich: Den anderen (w/m/d) wahrnehmen und sich auf ihn/sie einstellen, verstehen.

MF & MJ: *Wie gehen Sie mit Menschen in Ihrem beruflichen Umfeld um, die ganz klar ein Empathie-Defizit haben?*

LS: Ansprechen und sagen, welche Wirkung es auf mich hat, was es mit mir macht.

Thomas Mück

MF & MJ: *Ist Empathie Ihrer Meinung nach angeboren oder erlernbar? Hat es etwas mit Talent zu tun oder gibt es Methoden, Empathie zu entwickeln? Warum denken Sie das?*

TM: Biologisch gesehen ist das Maß an Empathie, die man ausstrahlen kann, natürlich angeboren. Lachen ist zwar ein Reflex, auch Freude, aber am Ende des Tages ist Empathie etwas anderes und hängt auch von der Herkunft ab. Empathie ist aber auch erlernbar – zumindest ein Stück weit. Das eigene Defizit überspielen, Fingerspitzengefühl entwickeln und ein Verhalten erlernen, das einem von den Eltern beigebracht wurde. Empathie ist ein spannendes Thema, wenn man sich die Generationen anschaut. Je jünger die Leute sind, desto mehr Empathie wollen und brauchen sie, denn sie sind im Grunde einsam – trotz oder vielleicht auch wegen Twitter, Instagram und wie die Social-Media-Kanäle alle heißen. Es fehlt den Youngsters an echten Kontakten. Sie müssen der Generation Z sehr viel erklären, müssen als Führungskraft sehr empathisch sein, um bei den Jungen viel zu kompensieren. Es geht bei Empathie auch um emotionale Intelligenz – und da liegt viel in den Genen. Alles kann einfach nicht erlernt werden. Wir haben z. B. eine junge Führungskraft, ein junger Mann, der sich sehr schwer damit tut, sein

Team zu führen – ein Team von Personen, die ausnahmslos älter sind als er selbst. Die junge Führungskraft musste erst einmal erkennen, wie wichtig Beziehungsaufbau ist! Instagram, Twitter und Co. sagen ihm nämlich nicht, dass er erst einmal mit seinem Team ein Bierchen trinken gehen sollte etc. Also hat die Jugend das gar nicht unbedingt auf dem Schirm und noch kein Bewusstsein dafür entwickelt. Viel passiert hier über die Erziehung, über das Elternhaus. Werden dort Werte vermittelt – dann ist alles gut. Dann kann darauf weiter aufgebaut werden. Fehlt es hier allerdings, dann ist es aussichtslos, Empathie zu erlernen.

MF & MJ: *Was verstehen Sie unter Empathie?*

TM: Emotionale Nähe und die Fähigkeit, die Emotionen des Gegenübers wahrzunehmen und damit umzugehen. Diese Emotionen muss ich als Führungskraft bespielen können. Es hat viel mit emotionaler Intelligenz zu tun.

MF & MJ: *Wie gehen Sie mit Menschen in Ihrem beruflichen Umfeld um, die ganz klar ein Empathiedefizit haben?*

TM: Wenn diese Menschen ein Wirkungsfeld haben, in das sie emotional hineinpassen, muss ich das als Führungskraft ermöglichen. Aber wenn es nicht passt, dann muss ich es an dieser Stelle auch regulieren – und im Klartext heißt das, die Kündigung aussprechen. Denn eine absolut unempathische Person kann und darf im Unternehmen keinen Nährboden finden. Dann passt es nicht mehr – und die Entlassung ist die einzige logische Konsequenz. Ein Mitarbeiter muss ins Team passen. Und wenn von vornherein keine Empathie da ist, dann kann ich das einem Mitarbeiter auch nicht antrainieren. Und das Tragische ist, dass die jüngere Generation sehr oft ein großes Empathiedefizit hat, weil der Kontext und die Iterationsschleife fehlen, wie das Gelernte umzusetzen ist. Ich habe für mich selbst entschieden, mich nur noch mit Leuten zu umgeben, die mich persönlich bereichern und empathisch sind. Meine persönliche Zeit ist mir zu kostbar, um mit empathielosen Menschen umzugehen. Gerade in unseren Corona-geprägten Zeiten wird das deutlich – es gibt systemrelevante Unternehmen und Menschen, die passen rein. Wer nicht dazugehört, muss dann einfach pausieren oder sich auf lange Sicht verabschieden – das ist dann auch nicht mein Spielfeld. Als Führungskraft muss ich in der Lage sein, ein Team zu führen ohne eine »To-do-Liste« zu haben. Ich muss bitte auch nicht mit Prozessdenken an meine Mitarbeiter herangehen. Das wäre armselig … Gerade in der aktuellen Situation im Homeoffice zeigt es sich, ob ich ein Gefühl für mein Team habe oder nicht. Zu Empathie gehört auch Vertrauen – und eben das entsprechende Fingerspitzengefühl.

5 Fehlerkultur

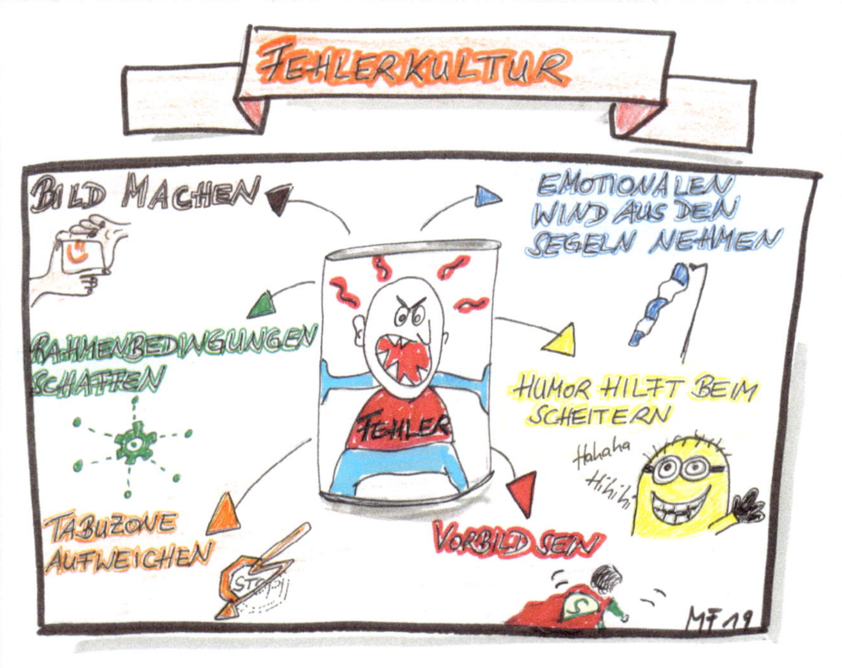

Abb. 15: *Übersicht Fehlerkultur*

5.1 Einführung

5.1.1 Rahmenhandlung

Thomas Michael Müller hat einen echten »Bock geschossen«. Er hat vergessen, seinem Mitarbeiter – dem Team Controller – dessen Urlaubsantrag zu unterschreiben. Der Antrag wurde von diesem schon fristgerecht vor einigen Wochen gestellt – und ist dann offensichtlich einfach untergegangen. So etwas darf einer guten Führungskraft natürlich nicht passieren! Das größere Problem bei der Angelegenheit ist jetzt allerdings, dass Thomas Michael Müller für den geplanten Urlaubszeitraum bereits einem anderen Mitarbeiter Urlaub gewährt hat und dummerweise jetzt, in einer relativ »heißen Phase« des Projekts, nicht noch ein weiterer Mitarbeiter fehlen darf. Oh-oh. Thomas

Michael Müller ist sich bewusst, dass Fehler menschlich sind und einfach passieren. Aber sie sind unangenehm. Überhaupt sind Situationen, in denen es um Kritik geht, unangenehm. Ja, es gibt im Unternehmen für Führungskräfte bereits einen ausgearbeiteten Leitfaden, wie Kritikgespräche mit Mitarbeitern zu führen sind. Und Thomas Michael Müller hält sich bei solchen Gesprächen auch sehr genau an diesen Leitfaden. Aber kann das schon alles sein? Wie wichtig ist es denn, eine ***Fehlerkultur*** *zu entwickeln? Und vor allem – wie gelingt dieses Vorhaben? Thomas Michael Müller möchte auf keinen Fall, dass ein »Ja zu Fehlern« ein weiteres blumiges Managementschlagwort im Unternehmen wird, das im besten Falle irgendwo als vielgerühmtes Mission Statement auf irgendeinem gülden eingerahmten Poster in den Abteilungen hängt, sondern er möchte sich ernsthaft mit diesem* **Futureskill** *auseinandersetzen. Zumal der »Neue« aus der Nachbarabteilung auch hier offensichtlich wieder die Nase vorn hat, »Fuckup Partys« veranstaltet und einen ganz anderen Bezug zum Thema hat.*

5.1.2 Warum dieses Futureskill

Bereits der weise Cicero wusste: »*Errare humanum est – Irren ist menschlich.*« Der Mensch macht Fehler, und das ist auch gut so. Rein sprachwissenschaftlich betrachtet kommt im Substantiv »Fehler« das Verb »fehlen« vor, d. h. also, es fehlt etwas, um optimal oder gut zu sein, wir müssen etwas ergänzen, optimieren oder verbessern.

Doch so sehr das Fehlermachen menschlich ist – im Berufsleben haben Fehler in der Regel Konsequenzen, die von einer relativ harmlosen Rüge über ein ernsthaftes Kritikgespräch oder eine offizielle Abmahnung sogar zum Jobverlust führen können. Der Begriff »Fehler« ist also in der Regel negativ behaftet, obwohl uns allen klar ist, dass es nicht immer die beste Strategie ist, einen Fehler zu bestrafen, um zukünftige Fehler zu vermeiden. Im Gegenteil! Bestrafung führt zu mehr Druck und die Abwärtsspirale beginnt.

In den Unternehmen wird seit geraumer Zeit der Ruf nach einer »Fehlerkultur« laut. Dieser Begriff kommt ursprünglich aus der Sozialwissenschaft und hat nun Einzug in die Organisationsentwicklung gefunden. Um eine funktionierende Fehlerkultur zu etablieren, braucht es mehr als nur Zeit. Es geht darum, sich ernsthaft mit diesem **Futureskill** auseinanderzusetzen – und damit auch den Blick in den Spiegel zu wagen. Aber wenn ein Unternehmen an sich selbst den Anspruch hat, eine lernende Organisation zu sein, dann geht es nicht ohne eine ernsthafte Auseinandersetzung mit Fehlern, um aus ihnen zu lernen, um die Chance zu ergreifen, besser zu werden und Veränderungsprozesse anzustoßen.

Kinder sind uns in puncto Fehlerkultur zig Schritte voraus, denn Kinder sind regelrechte Fehler-Profis! Wenn ein Kind aufwächst, gehören Fehler unbedingt dazu – und sind auch gar nicht negativ behaftet, im Gegenteil. Ein Kind lernt durch Fehler, bekommt und gibt sich immer und immer wieder eine neue Chance, besser zu werden, Dinge anders zu machen, um am Ende erfolgreich die eine oder andere Hürde zu meistern. Ein Fehler wird in den Augen eines Kindes auch nicht als Fehler gesehen, sondern vielmehr als Teil des Weges, der einfach dazugehört. Ein Kind denkt gar nicht groß darüber nach, was ein Fehler ist bzw. ist sich dessen gar nicht bewusst, dass es Fehler macht. Deshalb kann ein Kind auch ganz unvoreingenommen lernen und Erfahrungen sammeln, experimentieren und Schritt für Schritt nach vorne gehen. Erst ab der Schulzeit wird das anders. Nun entsteht ein Fehlerbewusstsein beim Kind, weil wir Erwachsenen auf Fehler hinweisen und Fehler zu machen auf einmal negativ belegen. Schade eigentlich! Denn als Erwachsene im Berufsalltag haben wir es tief in uns verankert, dass Fehler etwas Schlechtes sind, die bestraft werden und Konsequenzen haben. Und weil wir lernen, dass Fehler schlecht sind, gehen wir davon aus, dass der, der einen Fehler macht, automatisch auch schlecht ist.

5.2 Wissenschaftlicher Bezug

Im Buch »Erfolgsstrategie Fehlerkultur!« von Elke M. Schüttelkopf ist Fehlermanagement ein brandaktuelles Thema und »en vogue«. Unternehmen bemerken das Phänomen, dass Fehlerkultur eine enorm starke Wirkung entfaltet und auch vor fehlerhaften strategischen Entscheidungen und auf Managementebne begangenen Fehlern nicht Halt macht. »*Sage mir, wie die Fehlerkultur in deinem Unternehmen ist, und ich sage dir, wie es um die Produktivität in dem Unternehmen bestellt ist!*« Gemäß diesem Motto müssen Unternehmen lernen, sich ganz gezielt mit dem Thema Fehlerkultur zu befassen. Erst wenn sie eine »gesunde« Fehlerkultur etablieren, wird es ihnen möglich sein, die Performance ihres Unternehmens und damit dessen Erfolg sprichwörtlich in die eigene Hand zu nehmen. Laut Elke M. Schüttelkopf »*garantiert Ihnen eine produktive Fehlerkultur Wettbewerbsfähigkeit und Zukunftsfähigkeit!*«, um die Qualität von heute zu sichern und für zukünftige Innovationen zu sorgen. Wenn wir uns mit Fehlern befassen, ist das eine kognitive Leistung unseres Bewusstseins, denn indem wir Fehler erkennen und mit ihnen umzugehen lernen, ist dies dem sozialen Miteinander zuträglich und fördert deshalb »*die Evolution der Menschheit.*« Die Studie von Elke M. Schüttelkopf ergab zudem, dass »*die wissenschaftliche Beschäftigung mit dem Fehler am Anfang des 20. Jahrhunderts einen ersten großen Aufschwung findet.*« Seitdem befassen sich Wissenschaftler auf der ganzen Welt mit der Thematik und lassen auch Ende des 20. Jahrhunderts den Diskurs erneut aufleben mit dem Ziel, einen »*sinnvollen Umgang mit Fehlern*« zu erlangen und gezielt aus Fehlern lernen zu können.

Auch der Leitfaden des Bundesverbands für Gesundheitsdienst und Wohlfahrtspflege (BGW) thematisiert das **Futureskill** Fehlerkultur und beginnt mit einem Zitat von Dorothee Kunow: »*Gute Fehlerkultur ist, wenn mehr gelobt als getadelt wird!*« Der Leitfaden konstatiert, dass Fehler im laufenden Betrieb nicht ohne Grund passieren, und dass es demzufolge darauf ankäme, die Ursache für diese Fehler auszumachen, um Prozesse umzustellen und auf Risiken aufmerksam zu machen, »*um den Arbeitsalltag für alle Beteiligten sicherer zu gestalten*«. Ohne Fehler kann es keinen Fortschritt geben, deshalb ist es wichtig, offen über Fehler zu sprechen, Ursachenforschung zu betreiben und den Dingen sprichwörtlich auf den Grund zu gehen. Diese Thematisierung von Fehlern auf konstruktive Art und Weise soll von Mitarbeitern und Führungskräften gleichermaßen gelebt werden – und regelmäßig Einzug finden in die Agenda von Meetings und Personalgesprächen. Es empfiehlt sich durchaus, zu differenzieren, ob es sich bei dem jeweiligen Fehler um einen Verhaltens- oder Verhältnisfehler handelt, »*und zu erkunden, wo Schwachstellen in der Organisation der Arbeitssicherheit liegen*«. Ein Verhaltensfehler bezieht sich in diesem Zusammenhang darauf, ob ich mich so gebe und bewege, wie es vermeintlich korrekt ist, ob ich allen Konventionen genüge und sprichwörtlich meinen Job vorschriftsgemäß mache, während sich der Verhältnisfehler darauf bezieht, wie sich die Verhältnisse in meiner Position, an meinem Arbeitsplatz gestalten. Gemeint ist also, ob ich die richtigen Arbeitsmittel zur Verfügung habe oder ob mein Führungsverhalten zur Arbeitsorganisation passt. Das Fazit des Leitfadens des BGW lautet: »*Fehler sind Meilensteine!*«

5.3 Praxisbezug

5.3.1 Methoden und Umsetzung

Die sogenannten **Fuckup-Nights** sind seit einigen Jahren bereits ein bekanntes Format und Erfolgskonzept, bei dem sich Unternehmer auf eine Bühne stellen und von ihren Misserfolgen offen sprechen und z. B. thematisieren, wie sie ein Unternehmen an die Wand gefahren haben, ihren Job verloren oder in die Insolvenz gingen. Ihren Ursprung haben diese Treffen in Mexiko-Stadt, als dort vor sechs Jahren eine Gruppe von Freunden auf die Idee kam, Geschichten von beruflichen Pleiten, Pech und Pannen als Event zu inszenieren und in die Öffentlichkeit zu bringen, damit andere nicht nur merken, dass Scheitern zum Erfolg gehört, sondern dass es sinnvoll ist, in eine gute Fehlerkultur zu investieren und sich mit dem Thema umfassend auseinanderzusetzen. Allein in Deutschland gibt es unzählige Ableger der Fuckup-Nights – nahezu in jeder Stadt hat sich dieses Format zwischenzeitlich etabliert und erfreut sich steigender Beliebtheit. Doch, während der offene Umgang mit Fehlern in anderen Ländern fast schon zum guten Ton gehört und (fast) gar nicht mehr stigmatisiert ist, tut sich Deutschland dennoch schwer damit, zu Fehlern zu stehen und sie zu feiern, obwohl Fehler eben auch immer Chancen sind. Chancen, etwas anders und besser zu machen beim nächsten Mal.

Aus Fehlern zu lernen und eine positive Fehlerkultur zu entwickeln, ist jedoch für jede Organisation extrem wichtig. Im klassischen Projektmanagement kennen wir möglicherweise (hoffentlich!) das **Lessons Learned**, die Manöverkritik in der Phase der Auflösung eines Teams (»*adjourning*«), bei der sich das Projektteam trifft und alles noch einmal Revue passieren lässt, um zu sehen, was war gut und warum, was war nicht so gut und warum. Die Fehler werden thematisiert und es werden Verbesserungsvorschläge gemacht, um bei zukünftigen Projekten besser zu werden und zumindest nicht dieselben Fehler noch einmal zu machen. Im agilen Bereich, insbesondere bei Scrum, wird das »*fail fast*«, also das schnelle Scheitern, sogar gefördert und im Rahmen des Sprints in der sog. »*retrospective*« näher betrachtet.

Eine positive Fehlerkultur zu entwickeln braucht in erster Linie **Vertrauen**. Es muss mehr als nur okay sein, Fehler zu machen. Es sollte auch bis zu einem gewissen Punkt eine Sanktionsfreiheit geschaffen und zu einer wertfreien, neutralen Fehlerkommunikation gefunden werden.

Sobald eine Organisation scheinbar fehlerfrei läuft,
muss man ernsthaft nachdenken, einen Fehler zu inszenieren!
Günther Wagner, LeanMagazin; www.leanbase.de

Führungskräfte müssen beim Thema Fehlerkultur systematisch auf der Sachebene agieren, aber sie brauchen eben auch das nötige psychologische Feingefühl und Empathie, um mit der Situation umzugehen und demjenigen, der den Fehler gemacht hat, unvoreingenommen und konstruktiv zu begegnen. Dabei ist wichtig, dass eine offene, ehrliche Bestandsaufnahme gemacht wird, um zu klären, welche Fehler gemacht werden, wie häufig diese auftreten und welche Konsequenzen sich daraus für das Unternehmen ergeben. Ein Unternehmen sollte seinen Fokus nicht darauf richten, Fehler zu vermeiden, sondern es ist vielmehr wichtig, dass das Unternehmen sich auf seine Produkte und Projekte konzentriert und auf diesem Weg seinen Blick in alle Richtungen ausweitet, um einen kontinuierlichen Verbesserungsprozess anstoßen zu können. Fehler zeigen uns etwas und bieten uns die Chance, besser zu werden und Optimierungspotenzial zu sehen. Deshalb ist es gut, das »innere Kind« agieren zu lassen und Lernprozesse durchaus auch spielerisch anzugehen. Als Führungskraft ist es deshalb notwendig, in die Elternrolle zu schlüpfen und das Positive in Fehlern zu sehen. Reflexion über Fehler gehört unbedingt dazu, wenn eine gute Fehlerkultur entwickelt werden soll. Aber Reflexion muss trainiert werden, damit sie funktioniert. Gerade durch die Fähigkeit zur Reflexion unterscheidet sich der Mensch von der Maschine – und für die Führungskraft von heute und von morgen ist die Auseinandersetzung mit dem **Futureskill** Fehlerkultur wichtiger denn je.

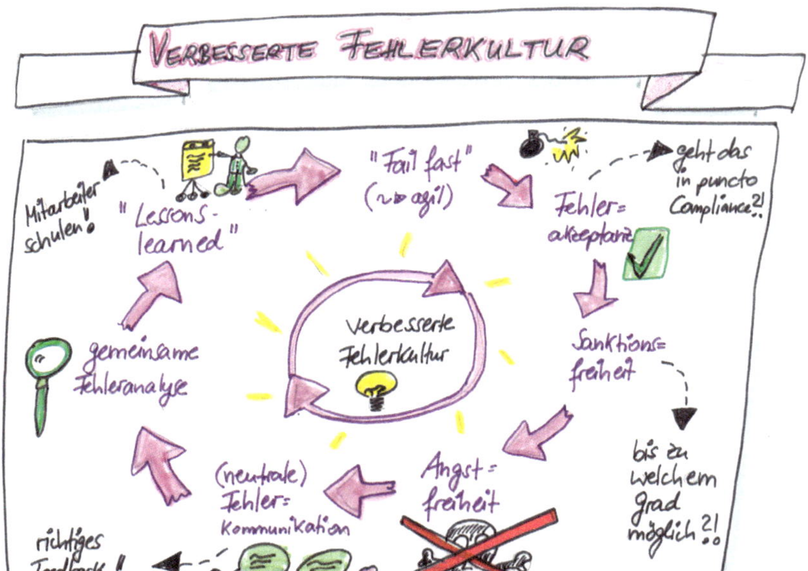

Abb. 16: *Verbesserte Fehlerkultur*

5.3.2 Praxistipps

Um eine gesunde Fehlerkultur in einem Unternehmen, in einem Bereich oder einer Organisation zu entwickeln, gibt es sechs wichtige Aspekte, die es zu berücksichtigen gilt:

1. **Machen Sie sich ein konkretes Bild von der Situation!**
   Hier geht es um eine offene und ehrliche Bestandsaufnahme. Stellen Sie folgende Fragen und berücksichtigen Sie sowohl harte als auch weiche Faktoren:
   »Welche Fehler werden gemacht?«
   »Wie häufig treten diese Fehler auf?«
   »Welche Konsequenzen ergeben sich daraus?«
   »Wie kam es zu diesen Fehlern?«
   »Wie wahrscheinlich ist es, dass diese Fehler noch einmal auftreten?«
   »Was lernen wir daraus?«
2. **Schaffen Sie die entsprechenden Rahmenbedingungen!**
   Niemand ist perfekt und muss es auch gar nicht sein. Lassen Sie zu, dass Fehler gemacht werden und zugegeben werden können. Etablieren Sie eine gesunde Feedbackkultur in Ihrem Bereich, Ihrer Organisation oder Ihrem Unternehmen. Trainieren Sie Ihre Mitarbeiter darin, Feedback zu geben, Kritik konstruktiv zu üben und ermöglichen Sie es, dass KVP (Kontinuierliche Verbesserungsprozesse) bei Ihnen gelebt und gefördert werden.
   Etablieren Sie in der Auflösungsphase von Projekten Lessons Learned Meetings bzw. eine Retrospektive, wie wir sie aus dem Scrum Prozess kennen, besprechen Sie alle Punkte und dokumentieren Sie diese – nicht als lästige Pflichtübung, sondern zur Weiterentwicklung auf persönlicher und fachlicher Ebene.

Arbeiten Sie mit einer Lessons Learned Agenda: !

TOP 1	Begrüßung und Einführung
TOP 2	Richtlinien aufstellen
TOP 3	Überblick über das Projekt
TOP 4	Lessons Learned Diskussion nach Kategorien/Projektfragen
TOP 5	Was lief gut (warum?) Was lief nicht gut (warum?) Was muss verbessert werden (wie?)
TOP 6	Zusammenfassung und nächste Schritte

3. **Weichen Sie die Tabuzone auf!**
   Fehler zu machen, ist in unserer Kultur zu oft ein Tabu, das nicht angesprochen werden will. Ändern Sie dies und nehmen Sie Abstand von sofortigen Sanktionen. Hören Sie auf, jeden an den Pranger zu stellen, der einen Fehler begangen hat, vermitteln Sie stattdessen, dass Fehler zu machen auch gesund und notwendig ist. Leben Sie in agilen (Scrum-)Projekten den Grundsatz *fail fast* (schnell scheitern) und erkennen Sie Fehler frühzeitig, um Schlimmeres zu verhindern und die Chance zu nutzen, die Fehler zu beheben – oder zu erkennen, dass hier und jetzt das Ende des Projekts gekommen ist.
4. **Nehmen Sie den emotionalen Wind aus den Segeln!**
   Es geht nicht darum, mit dem Finger auf jemanden zu zeigen und einen Schuldigen zu suchen. Hüten Sie sich vor emotionalen Anschuldigungen und überbordenden Gefühlen – das ist nicht zielführend. Begeben Sie sich bewusst auf die Sachebene, um sich einen klaren Überblick über die Situation zu verschaffen. Und dann zeigen Sie auf der Beziehungsebene echtes Verständnis. Kritik zu üben, ist richtig und wichtig – aber der Ton macht bekanntlich die Musik. Sprechen Sie Fehler an – aber erst dann, wenn Sie Ihre Gefühle unter Kontrolle haben und von der Beziehungs- auf die Sachebene wechseln können in Ihrer Kommunikation. Achten Sie vor allem auf Ihre Wortwahl und bleiben Sie konstruktiv und wertschätzend, anstatt vorwurfsvoll und (negativ) emotional.
5. **Humor hilft beim Scheitern!**
   Auch in der kritischsten Situation sollten Sie es als Führungskraft schaffen, den Humor zu behalten. Nicht, um sich lustig zu machen. Vielmehr, um der Situation ihre Schärfe zu nehmen und sich und anderen den Weg zu ebnen, die Ärmel hochzukrempeln, den Fehler zu beheben und daraus zu lernen. Dazu gehört, Stärke zu zeigen, indem Sie auch über sich selbst lachen können. Galgenhumor? Durchaus auch! Nutzen Sie es als positiven Antrieb, um die Segel zu setzen und Ihr Schiff wieder auf Kurs zu bringen!
6. **Seien Sie authentisch und werden Sie zum Vorbild!**
   Als Führungskraft sind Sie keinesfalls frei von Fehl und Tadel – und das ist auch gut so. Stehen Sie dazu! Seien Sie ehrlich und menschlich. Einen Fehler zuzugeben, ist absolut in Ordnung, bringt alle weiter nach vorne und hebt auch Ihr Ansehen als Führungskraft, denn es zeugt von innerer Stärke. Schauen Sie dabei nicht zu sehr in die Vergangenheit, sondern nach vorne, und lernen Sie aus den Fehlern.

5.3.3 Interviews mit Führungskräften

Jens Apelt

MF & MJ: *Was gehört für Sie zu einer guten Fehlerkultur im Unternehmen?*

JA: Mein Lieblingszitat dazu von Fredmund Malik: »Fehler des Chefs, sind Fehler des Chefs. Und Fehler der Mitarbeiter sind Fehler des Chefs!« Schuld gibt es bei mir nicht – schuld bin immer nur ich! Entweder ich habe das Team nicht richtig zusammengestellt oder die Aufgabe war zu groß, der Mitarbeiter überfordert, nicht der richtige Mann für den richtigen Job etc. Bei Creos ärgern uns Fehler tierisch – wir reden auch ungern drüber – sind perfektionistisch veranlagt. Wir reden lieber über Erfolge – aber natürlich passieren Fehler und wir müssen damit umzugehen lernen. Ich bin dem Leben auch dankbar für jeden Fehler, weil man ohne Fehler nichts lernt. Und im Unternehmen muss diese Einstellung auch gelebt werden – Fehler gehören dazu. Viele sollen nicht passieren, einige dürfen einfach nicht passieren – aber ohne Fehler geht es nicht. Also machen wir am besten etwas daraus, lernen – und weiter geht's.

MF & MJ: *Welche persönliche Fehlertoleranz haben Sie sich selbst und andern gegenüber?*

JA: Es gibt Fehler, die definitiv niemals passieren dürfen. Und wenn sie passieren, bin ich am Boden zerstört, weil sie mit Gefahr für Leib und Leben zusammenhängen. Das ist in unserer Branche ganz klar so. Deshalb sind Schulungen und Unterweisungen so wichtig, es muss ein Fehlerbewusstsein da sein. Von ganz oben bis ganz unten.

Es kommt auch auf gutes Risikomanagement an, um Fehler zu vermeiden und aus ihnen zu lernen. Aber alles andere – soll halt passieren. Ich bin mir selbst gegenüber aber viel kritischer und strenger als gegenüber meinen Leuten! Und ich ärgere mich vermutlich auch am meisten über mich selbst – im Privatleben übrigens genauso wie im Beruf.

MF & MJ: *Was passiert in Ihrem Team/in Ihrem Unternehmen, wenn Fehler passieren? Welche Konsequenzen hat dies für Ihre innere Haltung bzw. für Ihr Image im Unternehmen?*

JA: Erst mal erkennen, dass es ein Fehler ist. Rausreden ist Mist! Dann werde ich »grätig«! Rechtfertigungen sind destruktiv und ganz übel. Lieber offen sein, Fehler zugeben und dazu stehen. Dann kann man es abhaken und Lösungen finden. Aber niemals Ausreden finden!

MF & MJ: *Was ist für Sie ein Fehler und wie definieren Sie diesen Begriff für sich selbst?*

JA: Ein Fehler ist es für mich immer dann, wenn ich etwas korrigieren muss. Einen Weg, eine Entscheidung. Keine Korrektur ohne Fehler. Ich bin privat auch ungefähr derselbe »Fehlertyp« wie beruflich! Und ein Fehler ist auch immer relativ! Es kommt immer darauf an, die Alternativen abzuwägen. Ein Beispiel – meine Frau und ich tragen uns mit dem Gedanken, in die Stadt zu ziehen, weg vom Land. Und viele Freunde und Kollegen empfinden das als einen Fehler. Aber für uns ist es genau das Richtige, fühlt sich richtig an! Wir sehen die Dinge hier einfach anders – für uns ist es kein Fehler. Deshalb liegt der Begriff »Fehler« wirklich immer im Auge des Betrachters.

Jessica Telschow

MF & MJ: *Was gehört für Sie zu einer guten Fehlerkultur im Unternehmen?*

JT: Ganz einfach: Fehler sind erlaubt mit der Bedingung: Sie werden besprochen.

MF & MJ: *Welche persönliche Fehlertoleranz haben Sie sich selbst und andern gegenüber?*

JT: Für mich ist wichtig, dass Fehler besprochen und aufgearbeitet werden. Sodass man denselben Fehler nicht nochmals macht. Meine Toleranz mir selbst gegenüber ist wesentlich geringer wie die gegenüber meinen Mitarbeitern.

MF & MJ: *Was passiert in Ihrem Team/in Ihrem Unternehmen, wenn Fehler passieren? Welche Konsequenzen hat dies für Ihre innere Haltung bzw. für Ihr Image im Unternehmen?*

JT: Mir persönlich ist wichtig, dass auch ich Fehler machen darf. Leider passieren mir echt zu wenige ☺. In meinem Team wissen die Mitarbeiter, dass ich Fehler akzeptiere und auch hinter ihnen stehe, solange sie es mir berichten und ich es nicht über Eskalationen erfahre. In den Führungsleitlinien bei Bosch ist eine Fehlerkultur verankert.

MF & MJ: *Was ist für Sie ein Fehler und wie definieren Sie diesen Begriff für sich selbst?*

JT: Gute Frage. Ein Fehler ist in der Regel mit einer Korrektur verbunden. Das kann sein eine falsche Entscheidung, eine falsche Interpretation, Kommunikation, die vom Sender anders gemeint war, als sie beim Empfänger ankam. Für mich selber bedeutet ein Fehler auch die Grundlage für Selbstreflexion und Veränderung von mir persönlich. Meiner Meinung nach kann man nur lernen, wenn man Fehler macht. Da ich lebenslanges Lernen propagiere, heißt das für mich auch lebenslang Fehler zu machen – ohne dass ich diese im Vorhinein entschuldigen möchte.

Frank Peplinski

MF & MJ: Was gehört für Sie zu einer guten Fehlerkultur im Unternehmen?

FP: Jedes Unternehmen braucht einen Weg, mit Fehlern umzugehen. Fehler zu machen, ist in manchen Bereichen die einzige Chance, um Fortschritt zu erzeugen, in manchen Fällen ist eine Null-Fehler-Bilanz der einzige Weg für wirtschaftlichen Erfolg. Von daher braucht es auch einen unterschiedlichen Umgang mit der Thematik Fehlerkultur. Sie muss zum Unternehmenszweck und der Kultur der Mitarbeiter passen. Sollte man einen überführten Betrüger im Unternehmen entlassen oder unterstellen, dass er das Vergehen nie wieder begehen wird?

MF & MJ: Welche persönliche Fehlertoleranz haben Sie sich selbst und andern gegenüber?

FP: Ich mache Fehler, ich möchte gern wenig Fehler machen – ich möchte, dass möglichst viele vermeidbare Fehler nicht gemacht werden. Wahrscheinlich bin ich bei Menschen, die ich mag, nachsichtiger als mit den anderen – ob das normal ist oder nicht, vermag ich nicht zu sagen.

MF & MJ: Was passiert in Ihrem Team/in Ihrem Unternehmen, wenn Fehler passieren? Welche Konsequenzen hat dies für Ihre innere Haltung bzw. für Ihr Image im Unternehmen?

FP: Dazu möchte ich nichts schreiben. Es widerspricht hier und da meinem Gerechtigkeitsempfinden und ich muss noch herausfinden, ob ich das adaptiere oder für einen Kulturchange wirken möchte.

MF & MJ: Was ist für Sie ein Fehler und wie definieren Sie diesen Begriff für sich selbst?

FP: Es gibt große und kleine Fehler. Die großen Fehler haben die Tendenz, dass man darüber nachdenkt, was wäre gewesen, wenn man sie nicht gemacht hätte.

6 Change und Transformation

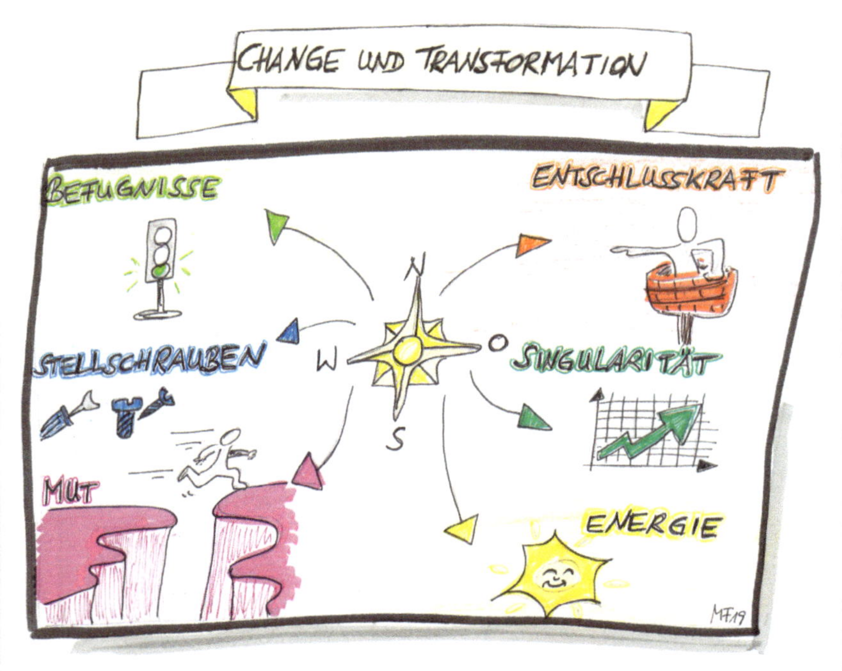

Abb. 17: *Übersicht Change und Transformation*

6.1 Einführung

6.1.1 Rahmenhandlung

Die Firma in der Werbemittelbranche, in der Thomas Michael Müller bereits seit mehreren Jahren tätig ist, plant, sich zu verändern. Es ist im Gespräch, dass die Niederlassung in Kiel in eine eigenständige GmbH umgewandelt wird, um den Logistikbereich vom Rest des Unternehmens loslösen zu können. Diese Veränderungen werden eine ganz konkrete Auswirkung auf das aktuelle Team von Thomas Michael Müller haben, denn sein IT'ler sitzt derzeit in Kiel! Veränderungsmanagement ist ein großes Thema in Unternehmen, mit dem sich natürlich auch die Führungskräfte aller Ebenen auseinandersetzen müssen. Und auch, wenn jedem klar ist, dass sich »die Welt im Wandel befindet« – Veränderungen wirbeln erst einmal alles durcheinander, sorgen für Unsicherheit und liefern zunächst einmal mehr Fragezeichen als Antworten. Thomas Michael Müller ist nun in genau so einer Situation. Es werden sich einige Dinge ändern – im Großen sowie im Kleinen. Aber wie macht man das am besten? Wie kann man als Führungskraft souverän mit Veränderungen im Unternehmen umgehen? Thomas Michael Müller hat bereits eine Aversion gegen diese typischen Buzzwords entwickelt, die in Zusammenhang mit dem **Futureskill** ***Change und Transformation*** *in aller Munde sind und könnte bereits jetzt schon schreiend weglaufen, wenn seine Kollegen Begriffe wie Wandel, VUCA oder Veränderungsprozesse benutzen. Alles ist offensichtlich »im Change«. »Der Change« muss vorangetrieben werden. »Wir brauchen Change Leadership«. Dabei ist Thomas Michael Müller bewusst, dass an dem Thema natürlich etwas dran ist. Dran sein MUSS! Grund genug, sich endlich mal richtig damit auseinanderzusetzen!*

6.1.2 Warum dieses Futureskill

Wer führt, muss die Zukunft im Blick haben. Und die Zukunft geht immer einher mit Veränderungen, denn so, wie die Dinge jetzt gerade im Moment sind, werden bzw. sollen sie in Zukunft nicht mehr sein. Jede Führungskraft muss sich demzufolge explizit mit Veränderungsprozessen, mit Veränderungsmanagement und mit der eigenen Führungsrolle beschäftigen – nicht nur im hier und jetzt, sondern auch mit Blick auf die Zukunft. Change und Transformation ist ein Dauerthema in den Unternehmen, nicht erst seit New Work, der Digitalen Transformation oder in Zeiten der Agilität. Leider ist der Begriff Change und Transformation längst nicht immer positiv behaftet.

Wichtig ist zunächst einmal die Differenzierung dieser beiden Begriffe, die umgangssprachlich viel zu leicht und viel zu gerne in einen Topf geworfen werden. Change ist nicht etwa gleichzusetzen mit Transformation! Im Gegenteil! **Change**, das hat etwas mit Planung zu tun, mit der Umsetzung konkreter Handlungen, die sich auf Teilbereiche von Unternehmen beziehen oder sogar ganze Unternehmen involvieren. Change, das ist das, was als Reaktion folgt, wenn in eben diesem Unternehmen Missstände offenkundig werden und gehandelt werden muss. Demzufolge ist Change gleichzusetzen mit einem Projekt – und verfügt auch genau über dieselben Merkmale: Change ist einmalig, bislang noch nicht dagewesen, er muss interdisziplinär bearbeitet werden, hat eine klare zeitliche Begrenzung und es gibt Methoden und Tools, um den Change zu bewirken.

Demgegenüber steht die Transformation als Umwälzung vom Alten hin zum Neuen. **Transformation** bezieht sich auf eine Vielzahl sich gegenseitig beeinflussender Faktoren und somit auf die Gesamtheit eines soziokulturellen Systems. Die Ziele in einer Transformation haben visionären Charakter – und die Transformation an sich ist ein langer, nicht endender Prozess, bei dem sich ein Unternehmen im Grunde immer wieder neu erfindet. Transformation bedeutet zudem, es gibt höhere Risiken – aber natürlich auch höhere Chancen!

Während sich also der Change in erster Linie damit befasst, die Fehler aus der Vergangenheit zu beheben, zielt die Transformation darauf ab, die Zukunft eines Unternehmens zu gestalten. Beides sind damit Bereiche, die eindeutig mit dem Leben und Wirken einer Führungskraft zu tun haben, weshalb es demzufolge lohnenswert ist, sich intensiver mit ihnen zu beschäftigen. Viele Veränderungsprozesse in Unternehmen scheitern an unrealistischen Erwartungen sowohl der Führungskräfte als auch der Mitarbeiter. Es gibt oftmals keine (oder nicht ausreichende) Unterstützung durch das Topmanagement, und die Führungskräfte sehen sich von allen Seiten bisweilen extremen Widerständen ausgesetzt. Der Mensch ist ein Gewohnheitstier – und verändert sich nicht gerne. Ohne Veränderungen gibt es aber keine Weiterentwicklung – und ohne Weiterentwicklung kommt es zum Stillstand.

Change, Transformation und Führung gehören zusammen. Es braucht Mut und Entschlusskraft, dieses **Futureskill** wirklich zu beherrschen, um daraus gerichtete Energie zu gewinnen und Wissen zu vermitteln, wie der Change gelebt werden kann und wo die Transformation hinführen muss.

6.2 Wissenschaftlicher Bezug

Der Begriff **Graswurzelbewegung** leitet sich von *grassroots* aus dem Englischen ab. Die ursprüngliche Idee der Graswurzelbewegung, die eine politische oder gesellschaftliche Initiative beschreibt, ist zwischenzeitlich auch in den Unternehmen angekommen (*Corporate grassroots*). In diesem Zusammenhang beschreibt eine Graswurzelbewegung einen von der Basis ausgehenden Wandel der gesamten Organisation. In einer kleinen Einheit (der Keimzelle) mit ihrem geschützten und sicheren Bereich wird mit zukunftsfähigen Arbeitsformen experimentiert und Funktionierendes weiterentwickelt. Bedeutend werden die kleinen Einheiten, wenn sie sich verbinden und so den Prozess der radikalen Innovationen und Veränderungen vorantreiben.

Die wohl bekannteste Graswurzelbewegung innerhalb eines Unternehmens in Deutschland startete Katharina Krentz mit Working out Loud bei Bosch. Aus dem Engagement einer Einzelnen entstand eine Community von über 4.500 Mitgliedern alleine bei Bosch.

Auffallend ist, dass in den meisten Analysen zum Thema Change und Transformation interessanterweise der Mensch und die Unternehmenskultur im Fokus stehen und tatsächlich weniger die technischen Innovationen – trotz Digitalisierungshype! Eine Studie des Software-Anbieters IFS bei 750 Entscheidern in 16 Ländern zu Digital Change hat ergeben, dass 92 % der Befragten über »*angemessene*« oder »*förderliche*« finanzielle Mittel für die digitale Transformation verfügen.

Die Erfolgsfaktoren in der Transformation scheinen also Führung und Mitarbeiter zu sein. Die neueste Change-Management-Studie von Capgemini Invent im Zuge der Auseinandersetzung mit Change und Transformation befragte 1.135 Unternehmensvertreter verschiedener Branchen aus unterschiedlichen Ländern und untermauert die o. g. Aussage. Als einer der »8 Erfolgshebel« zur *Organizational Dexterity* (die Fähigkeit des Unternehmens, sich ganzheitlich an Veränderungen anzupassen) gilt »Leadership and People«. Capgemini Invent umschreibt *Organizational Dexterity* als den Zustand der mentalen Adaptivität einer Organisation.

Dexterity hat drei unterschiedliche Reifegrade:
- die experimentelle Phase,
- die Testphase und die
- Establishment Phase.

Am Anfang von Veränderungsprozessen herrscht die experimentelle Phase vor – die Studie von Capgemini ergab, dass sich 25 % der befragten Unternehmen in dieser Phase der Agilität befinden, während 54,5 % der Befragten bereits in der Testphase sind und sich konkreter mit Veränderungsprozessen auseinandersetzen. Unternehmen in der dritten Phase, der sog. Establishment Phase, sind schon einen entscheidenden Schritt weiter, denn in diesen Unternehmen gibt es bereits Veränderungen im Mindset. Laut der Studie befinden sich gerade einmal 20,4 % der befragten Unternehmen in diesem Reifegrad, was die Dexterity betrifft. Deutschland ist, ganz allgemein gesprochen, im vorderen Mittelfeld.

In den letzten Jahren befassen sich immer mehr Unternehmen damit, wie Veränderungen in Prozessen, in Organisationen und vor allem in den Köpfen der Mitarbeiter und Führungskräfte durch- und umgesetzt werden können. Klar ist, Kulturwandel, Rollenverständnis, Prozessveränderungen und Datenkompetenz spielen hierbei eine sehr wichtige Rolle.

Die Frage: »*Wie würden Sie Ihren Führungsstil beschreiben?*« beantworten zu Beginn des Coaching Prozesses ca. 85 % der Coachees von Margareta Jäger mit »*kooperativ*«. Die meisten Führungskräfte kennen diesen Führungsstil aus Führungskräfteseminaren als **das** moderne und erfolgsversprechende Modell, um ein guter Vorgesetzter zu sein. Doch reicht ein kooperativer Führungsstil aus, um eine Organisation und ihre Mitarbeiter erfolgreich durch Veränderungsprozesse zu führen und erfolgreich die Transformation gestalten zu können?

Um mit den Worten des Sozialpsychologen Lewin zu sprechen: »*Besser eine Führung als keine Führung*«. Lewin definierte den kooperativen Führungsstil in den 1930er Jahren als motivationsfördernd, weil die Führungskraft Mitarbeiter bei der Entscheidungsfindung miteinbezieht. Offene Diskussionen und fachliche Unterstützung sind hier erlaubt. Fehler sind möglich und werden nicht bestraft.

Seit den 30er Jahren hat sich in den Unternehmen doch nun wirklich viel verändert, also warum bitte, sollte der Führungsstil gleichgeblieben sein? Tatsächlich gab es seitdem eine Weiterentwicklung, auch, was die Führungsstile betrifft. Etwa zeitgleich mit dem Einsetzen der digitalen Transformation, so um die 1990er Jahre, entstand auch das Modell der **transformationalen Führung**. Tatsächlich ist die transformationale Führung einer der am meisten beforschten Führungsstile überhaupt. Ihr Ziel ist es, die Mitarbeiter zu außergewöhnlichen Leistungen zu befähigen und dabei sicherzustellen, dass Leistungen vor allem für die Organisation und weniger im Dienst eigener Interessen erbracht werden. Als Voraussetzung dafür wird eine Transformation des Geführten (vor allem der Wert- und Motivprioritäten) angesehen. Transformationale Führungskräfte zeichnen sich durch 6 Verhaltensweisen aus: Visionen aufzeigen, Vorbild sein, Gruppenziele fördern, hohe Leistungserwartung, individuelle Unterstützung und geistige Anregung. Die grundsätzliche Haltung der Führungskraft ist die des *servant leaders*. Die dienende Führung ist keine Managementtechnik, sondern eine wertebasierte Grundhaltung, die eigene Werte und Nutzen der Führungskraft hinter das Wohl der Organisation und insbesondere der Mitarbeiter stellt.

Reicht es also aus, als Führungskraft transformational zu führen? Nein, denn es kommt auch auf die Geführten an. Eine Studie von S. Boerner/C.F. v. Streit untersuchte die Bedingungen und Effekte einer transformationalen Führung und eines kooperativen Klimas innerhalb eines Sinfonieorchesters. Insgesamt 22 deutsche Orchester wurden in die Studie miteinbezogen. Das Ergebnis zeigte einen Interaktionseffekt zwischen transformationaler Führung des Dirigenten und der intrinsischen Motivation der Musiker. Anhand dieser Studie wird deutlich: die Kombination zwischen transformationaler Führung und intrinsischer Motivation des Teams bringt den Erfolg und beeinflusst sich gegenseitig positiv.

6.3 Praxisbezug

6.3.1 Methoden und Umsetzung

Wenn die Führungskraft erst einmal gemeinsam mit dem Team (und mit der oberen Führungsebene) erkannt hat, welche Veränderungen notwendig sind, müssen die Voraussetzungen geschaffen werden, dass die Organisation kontinuierlich die eigene Zukunftsfähigkeit sicherstellt. Erst dann kann Transformation überhaupt stattfinden. Und die Führungskraft hat die Aufgabe, sicherzustellen, dass das Ganze morgen auch noch passt! Deshalb ist ein kontinuierlicher Soll-/Ist-Vergleich wichtig, damit notwendige Veränderungen frühzeitig in den Fokus geraten. Das heißt aber im Umkehrschluss, dass die Führungskraft »frei« genug sein muss, um agieren zu können – sowohl, was die Bereitschaft zur Selbstreflexion angeht, als auch, was den prozentualen Anteil an operativen Tätigkeiten betrifft, die von der Führungskraft ausgeführt werden müssen. Je mehr operative Tätigkeiten auf der Agenda der Führungskraft sind, umso weniger ist die Führungskraft frei, um Veränderungsprozesse anzustoßen und zu unterstützen.

Die **persönliche Transformation** durchläuft mehrere Stufen. Ausgangspunkt ist immer unsere eigene Komfortzone. Für viele Menschen ist diese Komfortzone der Bereich, den sie nur ungern verlassen bzw. in dem sie am liebsten verweilen – denn es ist ja alles wunderbar vertraut und bekannt. Das ist eine sehr komfortable, aber gefährliche Haltung! Denn wenn wir in dieser Komfortzone bleiben, dann gibt es für uns keine Veränderung, keine Entwicklung. Wir müssen die Komfortzone verlassen und uns in die Angstzone begeben, was vielen erwartungsgemäß sehr schwerfällt, denn die Angstzone ist oft mit Schmerz verbunden, mit Schwierigkeiten. Und diese Schwierigkeiten sind unbequem, werden als große Hürde empfunden – und was der

Mensch nicht kennt, macht dem Menschen erfahrungsgemäß erst einmal Angst. Das Credo sollte aber sein:

Keine Angst vor der Angst!
Michaela Flick

Um sich persönlich weiterentwickeln zu können, müssen wir durch den Schmerz und die Angstzone. Die nächste Stufe bzw. der nächste Abschnitt der persönlichen Transformation ist die Lernzone, in der wir uns mit Neuem befassen, Erfahrungen machen und lernen. Haben wir diese Zone erfolgreich durchlaufen, beginnt unsere persönliche Weiterentwicklung, unsere persönliche Transformation. Hier wachsen wir, hier manifestieren sich unsere Visionen – und dahin führt der Weg.

Es kann im Großen nur stattfinden, was im Kleinen auch ist!
Margareta Jäger

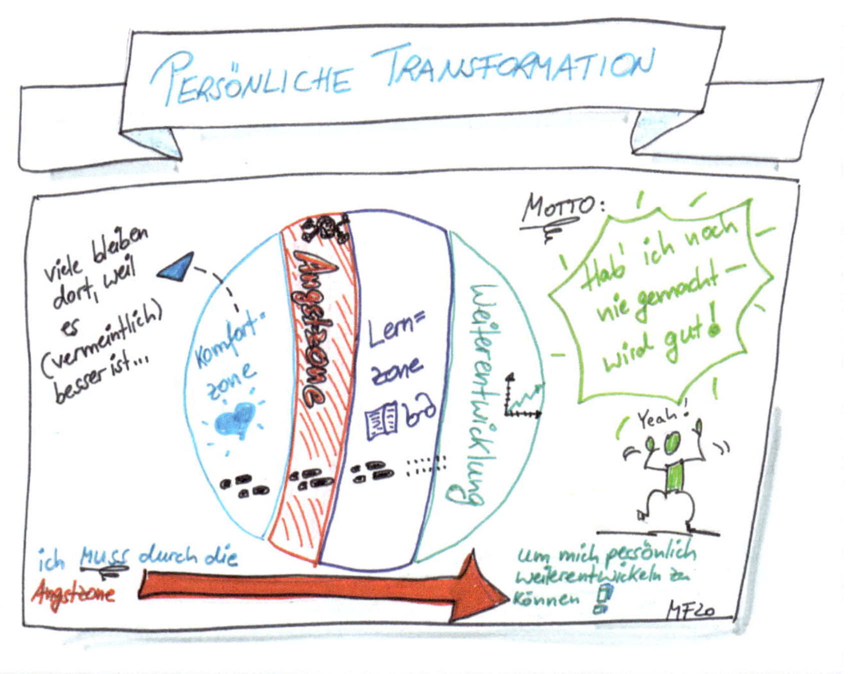

Abb. 18: *Persönliche Transformation*

Agilität und »guter Wille« alleine reichen nicht aus, um wirkungsvoll Change und Transformation zu betreiben. Es kommt auf eine ganzheitliche Anpassung an. Und es braucht eine klare Führungsrolle, um festlegen zu können, wer die Veränderungen einsteuern kann/muss/darf, in welchem Ausmaß die Veränderungen sein müssen und welche Beteiligten in welchem Ausmaß eingebunden sein sollen. Vor allem aber ist wichtig festzulegen, was bei allen Veränderungen denn unbedingt bleiben und bewahrt werden soll. Denn Change und Transformation hin oder her – es geht nicht darum, alles über den Haufen zu werfen, neu zu sortieren oder umzuwälzen. Es geht darum, das »Richtige« zu tun und eine kraftvolle Change Story zu schreiben; mit klarer Zielsetzung, mit professionellem Stakeholdermanagement, mit eindeutig geklärten Inhalten und der Entwicklung von visualisierten Schlüsselbotschaften. Die Führungskraft von heute und morgen muss sich das **Futureskill** Change und Transformation vollständig erarbeiten und »runter vom Podest der Unfehlbarkeit«. Denn wie bereits Charles Darwin so trefflich sagte: *»Es ist nicht die stärkste Spezies, die überlebt, auch nicht die intelligenteste, sondern eher diejenige, die am ehesten bereit ist, sich zu verändern.«*

Erfolgsfaktoren des Veränderungsmanagements sind die Orientierung an beweglichen Zielen, eine ehrliche Klärung der Ressourcen, die Auseinandersetzung mit Widerstand, eine offensive Kommunikation und eine nutzbare Gruppendynamik. Es ist zudem wichtig, sich als Führungskraft bewusst zu machen, dass (nach Richard K. Streich) jeder Veränderungsprozess **sieben Phasen der Veränderung** durchlebt – in mehr oder weniger starker Ausprägung.

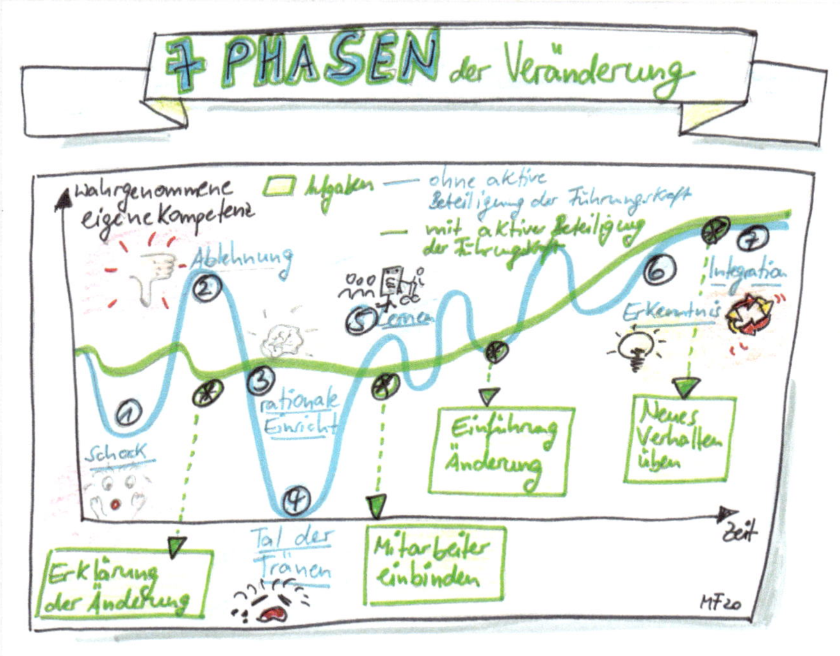

Abb. 19: *7 Phasen der Veränderung*

6.3.2 Praxistipps

Es gibt unzählige Erfolgsstorys von geglückten Veränderungsprozessen; Geschichten, in denen sich zeigt, dass Unternehmen auch schwierige Zeiten durchlaufen können, sich erfolgreich mit Change und Transformation auseinandersetzen, um letzten Endes an ein vielleicht noch besseres, noch größeres Ziel zu kommen.

Beispiel der Firma des Thüringer Nougat:

Eine solche Erfolgsstory erzählt die Firmengeschichte des Thüringer Nougat, einem Familienunternehmen, das 1893 von den Geschwistern Willie Viebahn und Anna Reim gegründet wurde. Durch die Erfindung des Dieselmotors und mithilfe einer Maschine aus der Zigarettenherstellung, die nun durch einen cleveren Impuls für die Nougatproduktion verwendet werden konnte, kam es dazu, dass in Thüringen eine professionelle und maschinelle Nougatfertigung entstand. 1935 produzierten ca. 350 Mitarbeiter im Dreischichtbetrieb die mittlerweile berühmten Nougatstangen und weitere Erzeugnisse, hauptsächlich aus Marzipan. Nach dem 2. Weltkrieg wurde das Unternehmen in der damaligen DDR verstaatlicht, doch nach der Wende kam die große Wende – aber nicht unbedingt zum Positiven. In der BRD gab es genug Süßwarenbetriebe, die sehr erfolgreich waren – auch international. Einem Unternehmen wie der (damaligen) Viebahn Süßwaren gab man wenig Chancen zum Überleben. Aber 1992 wagten zwei mutige Herren das Abenteuer und stürzten sich kopfüber in den Veränderungsprozess, um die Firma nicht nur am Leben zu erhalten, sondern weiter auszubauen und erfolgreich zu machen. Karl Heinz Einhäuser aus Landsberg, ein ehemaliger Unternehmensberater, und der frühere Viebahn Produktionsleiter Holger Storch erwarben die Geschäftsanteile, entwickelten neue, markenfähige Produkte und schufen den neuen Markennamen Viba. Über viele Widerstände hinweg und allen Unkenrufen zum Trotz ging das neue Konzept auf – und die neue Geschäftsleitung führte die Firma und ihre Belegschaft erfolgreich durch den Prozess des Change und der Transformation! Heute firmiert das Unternehmen unter dem Namen Viba sweets GmbH, eröffnete 2004 sogar den ersten Viba Shop und wurde Landessieger des Unternehmerpreises »Innovativer Mittelstand« in Wiesbaden. Der Veränderungsprozess hat funktioniert – und alle Hürden, schweren Zeiten und Momente des Zweifels und der Verzweiflung überstanden! Die Erfolgsstory von Viba sweets geht weiter und wird vermutlich auch in Zukunft noch Geschichte schreiben, weil Unternehmer es wagten, die Komfortzone zu verlassen, sich in die Angstzone zu begeben, sie zu durchqueren, durch den Schmerz zu gehen, zu lernen – um sich so weiterentwickeln zu können! Eine Erfolgsgeschichte, die Mut macht!

https://viba-sweets.de/ueber-viba/geschichte/

John Kotter thematisiert in seinem Buch »Leading Change« Veränderungen in Organisationen und hat dazu ein aus acht Stufen bestehendes Vorgehensmodell entwickelt. Dieses Modell ist eine Weiterentwicklung des bekannten 3-Phasen-Modells von Kurt Lewin (»*Unfreezing*«/»*Changing*«/»*Refreezing*«). Kotter geht davon aus, dass erfolgreiche Veränderungen acht aufeinander aufbauende Phasen durchlaufen und keine davon ausgelassen werden darf, wenn der Change Prozess erfolgreich sein soll. Im Mittelpunkt seines Modells steht der Mensch und wie er die Veränderung kommuniziert, denn der Mensch ist in den meisten Fällen der kritischste Faktor, wenn es um das **Futureskill** Change und Transformation geht.

Die acht Stufen des Change Prozesses nach John Kotter sind demnach: !

1. Dringlichkeit aufzeigen (»*create a sense of urgency*«)
2. Führungskoalitionen aufbauen (»*create a powerful coalition*«)
3. Vision und Strategie entwickeln (»*form a strategic vision and initiatives*«)
4. Die Vision kommunizieren (»*enlist a volunteer army*«)
5. Hindernisse aus dem Weg räumen (»*enable action by removing barriers*«)
6. Kurzfristige Erfolge anstreben (»*generate short-term wins*«)
7. Veränderung weiter antreiben (»*sustain acceleration*«)
8. Veränderungen in der Kultur verankern (»*institute change*«)

Die Führungskraft soll ihre Mitarbeiter aktiv durch jede dieser Stufen begleiten – ohne »Abkürzungen«, denn nur, wenn alle Stufen Schritt für Schritt in der richtigen Reihenfolge durchlaufen werden, ist laut Kotter ein Veränderungsprozess von der Aussicht auf Erfolg gekrönt.

Um Change und Transformation als **Futureskill** effizient umsetzen zu lernen, sollte die Führungskraft von heute und morgen zusätzlich zu den acht Stufen des Change Prozesses nach Kotter sechs Bereiche beherzigen, die für den Prozess von enormer Wichtigkeit sind:

1. **Befugnisse**
   Viele Change Prozesse in Unternehmen und Organisationen scheitern, weil die Befugnisse nicht hinreichend geklärt sind bzw. weil es den richtigen Personen an den notwendigen Befugnissen fehlt!
   Klären Sie deshalb eindeutig, wer welche Befugnisse braucht bzw. bereits hat – und was genau welche Befugnisse festlegen müssen, um zu funktionieren.
   Als Führungskraft ist es Ihre Aufgabe, Aktivitäten Ihrer Mitarbeitenden zu ermöglichen – deshalb braucht es geklärte (und gelebte!) Befugnisse, Verantwortlichkeiten und Aufgaben.
2. **Stellschrauben**
   Finden Sie die richtigen Stellschrauben, um die notwendigen Veränderungsprozesse anzusteuern, und ermöglichen Sie die entsprechende Konsolidierung! Bilden Sie Führungskoalitionen, die im Unternehmen oder in der Organisation etwas bewirken können und ermöglichen Sie es, dass die richtigen Personen und Führungskräfte, die über das richtige Maß an Erfahrung und Glaubwürdigkeit verfügen, gemeinsam Stellschrauben bewegen, um gemeinsame Ziele zu entwickeln und Vertrauen aufzubauen – beides ist für Change und Transformation unabdingbar!

3. **Mut**
   Veränderungen sind nicht einfach und erzeugen Widerstand. Setzen Sie sich mutig mit den Veränderungen auseinander und finden Sie als Führungskraft den Mut, hart am Wind zu segeln und Ihr Schiff auch bei rauer See in den sicheren Hafen zu steuern! Seien Sie mutig genug, zunächst sich selbst zu verändern, um dann Veränderungsprozesse im Unternehmen, in der Organisation oder im Team zu begleiten. Entwickeln Sie ein Leitbild für Change und Transformation und scheuen Sie sich nicht, dieses Leitbild aktiv am Leben zu erhalten – auch dann, wenn es Gegenwind gibt.
4. **Entschlusskraft**
   Lernen Sie aus Fehlern in der Vergangenheit, um entscheiden zu können, wo die Transformation hingehen muss. Schaffen Sie die Voraussetzungen in Ihrem Unternehmen oder in Ihrer Organisation, damit die Zukunftsfähigkeit gesichert ist und das Ganze sprichwörtlich gesehen auch morgen noch passt. Setzen Sie sich klare, operationalisierte Ziele und begründen Sie die Notwendigkeit von Entscheidungen, wägen Sie Alternativen ab und treffen Sie dann die Entscheidungen, die notwendig sind, damit Ihre Ziele erreicht werden und eine Transformation möglich wird.
5. **Singularität**
   Der Mensch ist immer auf der Suche nach Einzigartigkeit, sucht das Besondere. Machen Sie sich klar, dass sich die Anforderungen an Personen in Unternehmen kontinuierlich verändern und bleiben Sie am Ball. Finden Sie heraus, was genau das Besondere ist, das in Ihrem Unternehmen, in Ihrer Organisation oder in Ihrem Team notwendige Veränderungen bewirken kann. Gibt es vielleicht Dinge, die bei Ihnen nicht so wie anderswo ablaufen? Heben Sie sich von anderen Bereichen in Ihrem Unternehmen ab? Helfen Sie Ihren Mitarbeitenden dabei, sich das notwendige Wissen und die erforderlichen Fähigkeiten anzueignen, die es braucht, um Veränderungsprozesse anzusteuern.
6. **Energie**
   Change und Transformation benötigen Energie, denn um etwas verändern zu können, muss Energie eingesetzt werden. Bringen Sie als Führungskraft genug Energie mit, um etwas zu bewirken. Finden Sie heraus, was Ihnen Energie gibt – und was Ihnen Energie nimmt. Lernen Sie, mit Ihrer Energie hauszuhalten. Lernen Sie, Ihre Energie zielgerichtet einzusetzen. Energie bedeutet aber auch, Impulse zu geben – stellen Sie also sicher, dass Ihre Führung auch wirksam ist! Bezogen sowohl auf die Sachebene als auch auf Kultur und Werte Ihres Unternehmens, Ihrer Organisation, Ihres Teams. Holen Sie sich Unterstützung von einem erfahrenen Coach, der Ihnen als Sparringspartner zur Seite steht, und lernen Sie durch den Blick von außen, den Ihnen der Coach bieten kann.

6.3.3 Interviews mit Führungskräften

Prof. Dr.-Ing. Annett Großmann

MF & MJ: *Wie verändert sich eine Führungskraft im Change Prozess eines Unternehmens? Welche persönliche Erfahrung haben Sie in diesem Zusammenhang?*

AG: Die Zukunft der Führung verlangt agile Führungskräfte, die Veränderungen gegenüber offen sind und mutig voran gehen, ohne ihre eigenen Fähigkeiten und Bedürfnisse aus den Augen zu verlieren. Dafür entscheidend sind Ziele. Diese Ziele werden vom Unternehmen vorgegeben und müssen für jede Führungsebene detailliert angepasst werden. Nur so wird es funktionieren. Als Führungskraft müssen Sie dafür sorgen, dass Ihre Mitarbeiter die Ziele des Unternehmens verstehen und umsetzten können.

MF & MJ: *Welche Tipps haben Sie für eine Führungskraft, die kurz vor einem Change Prozess im Unternehmen steht?*

AG: Change Prozesse sind für alle Führungskräfte und Mitarbeiter zunächst mit Unsicherheiten verbunden. Denken Sie auf jeden Fall immer daran, dass es viele verschiedene Arten von Persönlichkeiten unter Ihren Mitarbeitern gibt. Wenn Sie kritisieren müssen, ist die Form der verwendeten Kritik sehr entscheidend.

MF & MJ: *Was ist Ziel eines Change Prozesses für eine Führungskraft? Ist »nach dem Change gleichzeitig auch vor dem Change«? Bedeutet Stillstand Rückschritt?*

AG: Der Change Prozess verlangt von der Führungskraft, dass sie sich daran aktiv beteiligt und dies nicht nur von ihren Mitarbeitern erwartet. Change ist immer auch spannend. Für mich waren Veränderungen immer wieder die Gelegenheit, Neues zu entdecken und zu erleben. Neugier ist etwas, was mich vorantreibt. Wenn Sie aktiv und flexibel bleiben in Ihrem beruflichen Umfeld, dann werden Ihnen die notwendigen Change Prozesse viel Freude bereiten.

Katharina Krentz

MF & MJ: *Wie verändert sich eine Führungskraft im Change Prozess eines Unternehmens? Welche persönliche Erfahrung haben Sie in diesem Zusammenhang?*

KK: Ich glaube, dass Veränderungsprozesse den Menschen hinter der Rolle der Führungskraft sichtbar machen. Denn hier geht es nicht mehr um eine Rolle. Hier geht es darum, die Mitarbeitenden in der Veränderung zu begleiten, die Ziele und Strategien für sie zu übersetzen und lebbar zu machen, in der Unsicherheit mutig voranzugehen. Das geht nur, wenn man sich als Mensch zeigt, authentisch und mit eigenen Gefühlen. Darauf basiert Vertrauen und Offenheit, die Veränderung aktiv mitzugestalten und nicht in Angst und Unsicherheit zu verharren. Ich persönlich mag Veränderungen, weil ich Bewegung mag, die überhaupt erst die Chance darstellt, morgen etwas anders zu tun. Gerade in der heutigen Zeit finden wir keine neuen Lösungen und Ideen mit den alten Ansätzen und mit Menschen, die nur mit den alten Ansätzen erfolgreich waren. Daher ist Veränderung unabdingbar. Ich lebe das aktiv vor und zeige mich mit all meinen Fragen, Unsicherheiten und teilweise Ängsten. Interessanterweise ermutigt das andere, meinem Beispiel zu folgen, und über diese Vernetzung und das dadurch immer größer werdende Netzwerk fühlen wir uns alle sicherer und handlungsfähiger.

MF & MJ: *Welche Tipps haben Sie für eine Führungskraft, die kurz vor einem Change Prozess im Unternehmen steht?*

KK: Sich unbedingt selbst beobachten und reflektieren, wie es mir mit den anstehenden Veränderungen geht. Denn nur, wenn ich mich gut kenne und Klarheit über meine Gedanken, Wünsche und Emotionen habe, kann ich andere im Prozess unterstützen und begleiten. Bei Bedarf hilft hier ein Coach oder eine Gruppe Gleichgesinnter als Sparringspartner. Denn Veränderungen begegnet man am besten in Gemeinschaft und nicht alleine.

MF & MJ: *Was ist Ziel eines Change Prozesses für eine Führungskraft? Ist »nach dem Change gleichzeitig auch vor dem Change«? Bedeutet Stillstand Rückschritt?*

KK: Ziel sollte immer die Weiterentwicklung der eigenen Person, des Teams und des Unternehmens sein – denn wozu sonst sollte ich Veränderung benötigen? Und natürlich ist nach dem Change auch wieder vor dem Change. Denn nichts ist so beständig wie der Wandel selbst in der heutigen Zeit. Betrachtet man die Geschwindigkeit, wie sich technologischer Fortschritt entwickelt, dann sprechen wir von exponentiellen Veränderungen, die nicht aufzuhalten sind. »Man kann die Wellen nicht aufhalten, aber man kann surfen lernen.« (Jon Kabat-Zinn)

Daniel Stumpf

MF & MJ: *Wie verändert sich eine Führungskraft im Change Prozess eines Unternehmens? Welche persönliche Erfahrung haben Sie in diesem Zusammenhang?*

DS: Eine Änderung kann nur erfolgreich sein, wenn alle Betroffenen und Beteiligten wenigstens bereit sind, die Änderung aktiv zu akzeptieren. Im Idealfall an der Änderung aktiv mitzuwirken. Eine Führungskraft ist in Veränderungsprozessen zu teilweise einschneidenden Entscheidungen gezwungen. Das verändert, was entweder zu Aufgabe oder Abhärtung führt. Ich habe einmal diese krasse, aber bedauerlicherweise verständliche Metapher gehört: »Du kannst in eine Schale immer wieder frisches Obst legen. Solange in der Schale ein verfaultes Stück liegt, wird immer wieder das gesamte Obst verfaulen. Es hilft nichts anderes, als das verfaulte Stück zu entfernen.« Change Management bedeutet nicht, Mitarbeiter zu manipulieren. Es geht nicht darum, sie von einer Änderung zu überzeugen, die sie ablehnen. Es geht vielmehr darum, alle Informationen und Erläuterungen zu geben, sodass sie in der Lage sind, eine Entscheidung zu treffen, den Change mitzugehen oder nicht. Wenn die Entscheidung negativ ist, dann ist das ebenso in Ordnung. Allerdings müssen dann beide Seiten eine professionelle Entscheidung treffen.

MF & MJ: *Welche Tipps haben Sie für eine Führungskraft, die kurz vor einem Change Prozess im Unternehmen steht?*

DS: Es lohnt sich sehr, sich die Zeit zu nehmen und alle Argumente zu ordnen, alle potenziellen Fragen zu beantworten: Warum? Was ist das Ziel? Wie ist der Plan (gibt es überhaupt einen)? Wer macht was? Gibt es überhaupt die erforderliche Anzahl an Händen? Sind alle in der Lage, mit der Änderung umzugehen? Wenn nicht, wie können wir das positiv verändern (z. B. durch Schulungen)? Am wichtigsten ist es jedoch, eine ehrliche, nachvollziehbare Antwort auf diese Frage von Mitarbeitern zu haben: »Was bringt mir das?«

MF & MJ: Was ist Ziel eines Change Prozesses für eine Führungskraft? Ist »nach dem Change gleichzeitig auch vor dem Change«? Bedeutet Stillstand Rückschritt?

DS: Stößt eine Führungskraft eine Änderung an, dann gehe ich davon aus, dass es darum geht, irgendetwas besser, schneller, einfacher, schöner, rentabler oder günstiger zu machen, sodass es der Organisation danach »besser« geht. In jeder Organisation, die über ein QM-System verfügt, ist Stillstand formal ausgeschlossen, es gibt ja einen kontinuierlichen Verbesserungsprozess. Alle Produkte unterliegen einem Lebenszyklus. Das heißt, irgendwann wird es zur Sättigung kommen, wenn ich nichts verändere. Insofern wäre Stillstand ein vorprogrammierter Rückschritt. Allerdings sind Veränderungen um der Veränderung willen, die es ja leider oft gibt, nicht nur sinnlos, sondern im worst case auch exponentiell kontraproduktiv! Daher behaupte ich, dass es auch Ruhe- oder Routinephasen braucht, sonst führen auch permanente Unruhe, Umwälzungen und Veränderungen zu Rückschritt.

Frank Schallner

MF & MJ: *Wie verändert sich eine Führungskraft im Change Prozess eines Unternehmens? Welche persönliche Erfahrung haben Sie in diesem Zusammenhang?*

FS: Wenn man Führungskraft bleiben will, muss man Wechsel zulassen und gestalten. Je offener man das angeht, umso größer die Chance auf Erfolg.

MF & MJ: *Welche Tipps haben Sie für eine Führungskraft, die kurz vor einem Change Prozess im Unternehmen steht?*

FS: Das Ziel vor Augen halten, nicht den Weg, der ergibt sich von alleine, wenn man sich mit dem Ziel identifiziert.

MF & MJ: *Was ist Ziel eines Change Prozesses für eine Führungskraft? Ist »nach dem Change gleichzeitig auch vor dem Change«? Bedeutet Stillstand Rückschritt?*

FS: Ja, unser Leben verändert sich täglich, das Mitschwingen ist unerlässlich; allerdings muss man auch dazu stehen, wenn man einer Veränderung skeptisch gegenübersteht.

7 Motivation

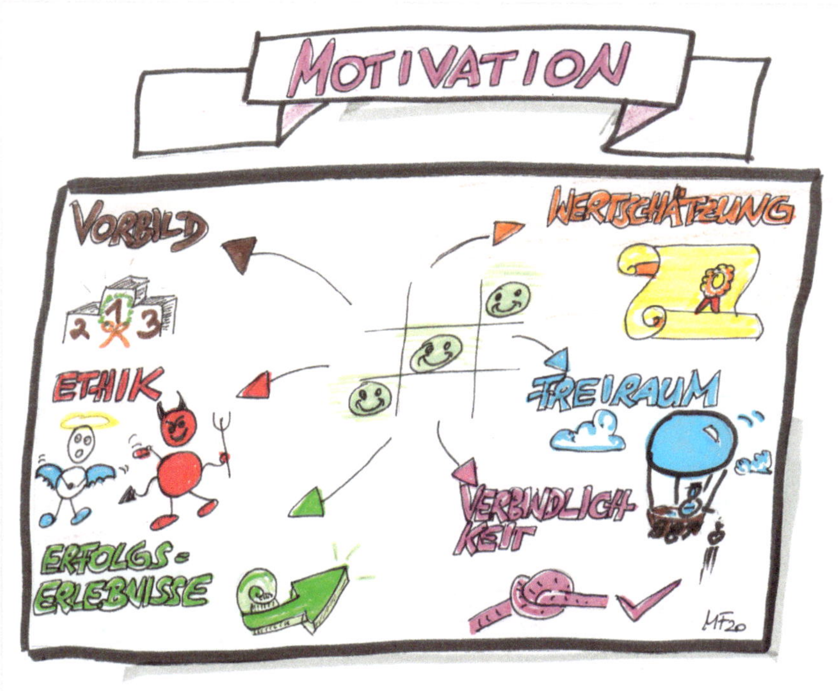

Abb. 20: *Übersicht Motivation*

7.1 Einführung

7.1.1 Rahmenhandlung

Der »Neue« ist der King in seinem Team! Wow. Thomas Michael Müller versteht die Welt nicht mehr. Die Jungs und Mädels der Nachbarabteilung sind höchst motiviert am Start. Sie haben sogar schon den Spitznamen »Happy Team« im Unternehmen bekommen. Okay, Thomas Michael Müller weiß, dass es unter der offensichtlich etwas anderen Führung des Kollegen Team Competitions gibt, dass die Truppe im August zum Segeln an den Bodensee gehen wird und dass alle soooo viel Spaß bei der Arbeit *haben. Aber woher kommt denn diese Mega-**Motivation**? Was hat der »Neue«, was Thomas Michael Müller nicht hat? Denn mal ehrlich – Thomas Michael Müller versteht etwas von Motivation! Für jeden im Team gibt's selbstredend den Schokohasen zu Ostern und den Nikolausi am 6. Dezember. Thomas Michael Müller hat sogar im letzten Jahr eine tolle Grillparty fürs Team bei sich zuhause veranstaltet – und alle waren begeistert. Aber trotzdem scheint Motivation doch ein recht dehnbarer Begriff zu sein. Und es muss mehr dran sein an diesem **Futureskill**, als nur das, was Thomas Michael Müller schon in unzähligen Managementtrainings gelernt hat, dass es extrinsische und intrinsische Motivation gibt, dass Motivation vom Lateinischen Begriff »movere« kommt und »etwas bewegen« heißt.*

7.1.2 Warum dieses Futureskill

Führung impliziert, Mitarbeiter und Gruppen innerhalb eines Unternehmens bzw. einer Organisation so zu beeinflussen, dass sich alle auf ein- und dasselbe Ziel hinbewegen. Eine solchermaßen zielgerichtete Beeinflussung läuft über Motivation. Ohne Motivation wird Führung schwer oder gar nicht erst möglich. Wie oder ob diese Mitarbeiter oder Gruppen motiviert sind, hängt nicht zuletzt davon ab, wie gut (oder eben auch wie schlecht!) die jeweilige Führungskraft ist.

Motivation ist ein **Futureskill**, über das schon viel geschrieben, gesprochen, nachgedacht wurde. Und dennoch kommt es nicht aus der Mode – im Gegenteil. Wer mit Menschen arbeitet und im wahrsten Sinne des Wortes etwas bewegen möchte, der sollte sich wieder und wieder mit diesem Thema befassen und sich einerseits Gedanken darüber machen, was die Motivationshindernisse sind, mit denen wir im Führungsalltag tagtäglich konfrontiert werden, wie z. B. Konflikte, Bürokratie, mangelnde Ressourcen, fehlende Wertschätzung etc. Und andererseits sollte er darüber nachdenken, was unsere Motivationstreiber sind, wie z. B. die Entwicklung der Mitarbeiter, ein gutes Arbeitsklima, individuelle Freiheiten, klare Ziele, richtig verteilte Aufgaben und Rollen …

Die »klassische« Variante der Führung ist der Ansatz: Der Mitarbeiter erbringt Leistung und dafür wird Geld bezahlt. Es gibt eine klare Hierarchie, es werden Interessen zusammengebracht, Aufgaben strukturiert, attraktive Anreize geschaffen, um klare und transparente Ziele zu erreichen. Diese Variante der Führung wird auch als transaktionale Führung bezeichnet. Die Motivation dieser Führungsvariante ist zumeist extrinsischer Natur, d. h., es gibt Faktoren von außen, die Führende und Mitarbeitende dazu motivieren, sich in Bewegung zu setzen. Entweder aus dem Antrieb heraus, etwas unbedingt bekommen zu wollen – wie den tollen Bonus, ein cooles Incentive, die in Gold gefasste Urkunde oder ein Spitzengehalt. Oder aber, um unschöne Situationen zu vermeiden, wie z. B. eine Degradierung, eine Abmahnung, Kritik vom Chef oder gar den Jobverlust.

Die modernere und motivierendere Variante der Führung ist die transformationale Führung, bei der es darum geht, die Geführten in einem Veränderungsprozess zu begleiten. Sie konzentriert sich auf die Mitarbeiter selbst, auf ihre Veränderung und besteht darin, sie zu begeisterten Anhängern werden zu lassen. Mitarbeiter, die transformational geführt werden, zeigen eine höhere Arbeitsmotivation, mehr Kreativität und Engagement über den eigenen Tätigkeitsbereich hinaus. Damit einhergehend kommt es zu einem stärkeren Vertrauen, das die Mitarbeiter in die Führungskraft setzen, und das wiederrum führt nicht selten zu mehr Selbstverpflichtung, höherer Leistung auf Teamebene und sogar in der gesamten Organisation. Das heißt also, transformationale Führung wirkt breiter und motivierender als transaktionale Führung, denn die transformationale Führung steht für eine Führung, die sich nicht ausschließlich auf die Arbeitsaufgabe bezieht, sondern ihr Augenmerk auf wünschens- und erstrebenswerte Verhaltensweisen richtet.

Mitarbeiter in heutigen Unternehmen und Organisationen sind anspruchsvoller und selbstbewusster als noch vor einigen Jahren oder gar Jahrzehnten. Sie lassen sich (zu Recht!) nicht jedes Führungsverhalten gefallen! Die Führungskraft steht in modernen Unternehmensformen weit mehr als früher im Fokus – mit veränderten Rollen und Aufgaben. Umso wichtiger ist es, sich mit dem **Futureskill** Motivation zu befassen, um herauszufinden, was genau die Faktoren sind, die Mitarbeiter dazu bewegen, nicht nur ihren Job zu machen, sondern motiviert und zufrieden zu sein.

7.2 Wissenschaftlicher Bezug

Die Motivation der Mitarbeiter ist ein wichtiger Faktor für den Unternehmenserfolg, heute noch mehr als früher. Im Jahr 2019 hat Statista die Arbeitsmotivation bei 20.000 Arbeitnehmern aus unterschiedlichen Branchen untersucht. Die gute Nachricht ist, dass Deutschland knapp über dem weltweiten Durchschnitt liegt. Das Niveau dabei aber ist mehr als ernüchternd: Nur 24 % der Arbeitnehmer sind hoch engagiert! Wieviel Potenzial in den Unternehmen damit brachliegt und nicht genutzt wird, kann man sich vorstellen. Führungskräfte, die es schaffen, ihr Team bestmöglich zu motivieren, sind zukünftig gefragter denn je, denn Arbeitgeber suchen angesichts solcher Zahlen nach neuen Ideen und Ansätzen.

Die bisher bekanntesten Modelle im Bereich der Motivationsforschung sind

- Maslow – Bedürfnishierarchie (1954)
- Herzberg – Zwei-Faktoren-Theorie (1967)
- McGregor – X-Y- Theorie (1960)
- Alderfer – ERG-Theorie (1967)

Sowohl das Modell von Abraham Maslow als auch die Zwei-Faktoren-Theorie von Frederick Herzberg gelten aufgrund unzureichender empirischer Bestätigung als wissenschaftlich gescheitert. Wie man sieht, sind alle Modelle schon etwas älter, und auch im Bereich der Hirnforschung gab es seitdem Fortschritte. Warum sollten diese nicht in das Verständnis von Motivation des modernen arbeitenden Menschen miteinbezogen werden?

Beispielsweise ist es McClelland an der Harvard Medical School gelungen nachzuweisen, dass die Anregung bestimmter Motive mit der Ausschüttung bestimmter Neurotransmitter (Adrenalin und Noradrenalin, Dopamin, Vasopressin und Arginin) verbunden sind. Diese neurologischen Prozesse sind ein Beleg für die empirische Existenz von Motiven. Die wichtigste Erkenntnis von McClelland ist jedoch, dass Motivation erlern- und formbar ist.

McClelland definierte drei Motive (Big Three), die jeweils das Ausschütten der Neurotransmitter auslösten:

- **Machtmotiv** – das Motiv, andere beeinflussen zu können, die Möglichkeit der Einflussnahme und Entscheidungsfähigkeit zu haben
- **Zugehörigkeitsmotiv** – auch Anschlussmotiv genannt, das Motiv dazuzugehören und Abweisung zu vermeiden
- **Leistungsmotiv** – das Motiv, Leistung und Erfolge zu erzielen, Fortschritt zu erleben und Anerkennung zu erhalten

Eine Führungskraft, die gezielt Maßnahmen zur Motivation ihrer Mitarbeiter einsetzen möchte, tut dies am erfolgreichsten, wenn dabei die Wünsche der drei Grundmotive erfüllt werden – so die Erkenntnis auf den ersten Blick.

Wir wissen zwischenzeitlich, dass wir darüber hinaus zwei grundlegende Motivationstreiber haben: Schmerzvermeidung (Befürchtungen) und Lustgewinn (Wünsche). In verschiedensten Experimenten wurde festgestellt, dass Schmerzvermeidung als Motivator ca. 3- bis 5-mal stärker ist als Lustgewinn. Das ist ein natürlicher Schutzmechanismus, denn Schmerz bedeutet Gefahr für unser System und der Selbsterhaltungstrieb hat immer oberste Priorität.

Kombiniert man diese Erkenntnis mit dem Modell von McClelland, ergibt sich daraus folgende Führungsempfehlung: Zuallererst, tue alles dafür, dass deine Mitarbeiter möglichst wenig (im besten Fall keine) Befürchtungen haben. Als zweiten Schritt erfülle Wünsche, um die drei Grundmotive zu befriedigen. Die berühmte Karotte vor die Nase zu hängen oder die nächste Gehaltserhöhung in Aussicht zu stellen genügt nicht, um Mitarbeiter zu motivieren.

Ein Mensch fühlt oft sich wie verwandelt, sobald man menschlich ihn behandelt.
Eugen Roth

7.3 Praxisbezug

7.3.1 Methoden und Umsetzung

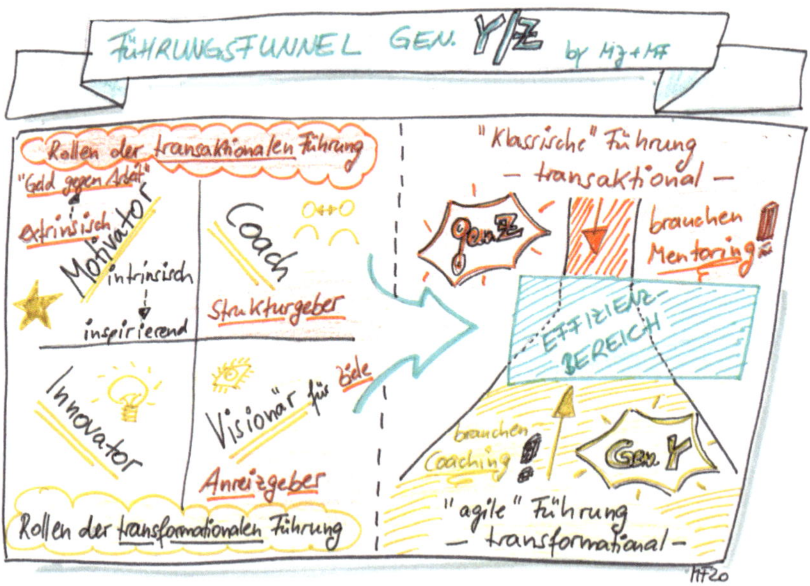

Abb. 21: *Führungsfunnel Generationen Y und Z*

Was genau will die Grafik veranschaulichen? Das erläutern die folgenden Absätze:

Sowohl in der transaktionalen (und damit der »klassischen«) Führung als auch in der transformationalen (und damit der »agilen«) Führung nimmt die Führungskraft verschiedene Rollen ein.

In der transaktionalen Führung wird der Mitarbeiter über klar nachvollziehbare Parameter (Gehalt, Zielerreichung) motiviert und erhält im Tausch zu seiner Leistung eine Gegenleistung (Motivator). Die Führungskraft motiviert extrinsisch über das Gehalt. Anreiz zur Leistungserbringung jetzt und in Zukunft ist das aktuelle Gehalt und die Aussicht auf ein zukünftiges eventuell höheres Gehalt. Man geht in diesem

Führungsmodell von einem sehr rational denkenden Menschen aus, der sich allein auf finanzielles Kalkül fokussiert (Vision). Durch klare Anweisungen und Regelungen, oft in Form von Zielvereinbarungen, bringt die Führungskraft den Mitarbeiter dazu, eine Leistung zu erbringen – tut er dies nicht – wird er sanktioniert.

Dem transformationalen Führungsmodell liegt ein ganz anderer Ansatz zugrunde: die Transformation. Ausgehend von einem dynamischen Umfeld sind die Unternehmen am erfolgreichsten, deren Mitarbeiter flexibel reagieren. Die Führungskraft ist nicht Befehlsgeber, sondern erreicht durch vier unterschiedliche Rollen, die sie einnimmt, eine Veränderung in den Verhaltens- und Denkweisen der Mitarbeiter: als Visionär, Coach, Motivator und Innovator. Als inspirierender Motivator erreicht er eine intrinsische Motivation des Mitarbeiters. Als Innovator setzt die Führungskraft Impulse, sodass der Mitarbeiter selbst neue Ideen und Innovationen einbringt. Als Visionär zeigt die Führungskraft das »big picture«, also wohin die Reise gehen soll, und bietet somit einen Anreiz für den Mitarbeiter, selbst neue Wege zu sehen. Letztendlich ist der Vorgesetzte als Coach Unterstützer und Begleiter.

Vertreter der Generation Z (ab 1995 Geborene) brauchen und bevorzugen die transaktionale Führung. Sie suchen nach klaren Grenzen und brauchen konkrete Vorgaben. Sie sind es von ihren (Helikopter-)Eltern gewohnt, dass sie jemand strukturiert, organisiert und ihnen klare Ziele vorgibt. Die Youngsters benötigen extrinsische Motivation – und diese suchen sie auch im Job. Problematisch ist hier jedoch, dass die transaktionale Führung zwar Grenzen aufzeigt und Strukturen vorgibt, genau, wie die Generation Z sich das wünscht. Aber transaktionale Führung schränkt nachweislich die Kreativität ein, sodass es nicht zu Innovationen kommt, weil die eigene Entfaltung durch die (selbst auferlegten) Grenzen behindert wird. Das heißt, die Generation Z braucht hier wieder den Zugang zur transformationalen Führung, um zu einer intrinsischen Motivation zu finden.

Sowohl die Generation Z mit ihrer Vorliebe für transaktionale Führung als auch die Generation Y (von 1980 bis 1994 Geborene), die eine transformationale Führung bevorzugt, um sich beruflich ausleben zu können, bewegen sich führungstechnisch gesehen in einem Trichter – allerdings aus gegenläufigen Richtungen!

Bei der Generation Y sind Kindheit und Jugend geprägt von starren Vorgaben, die wenig Raum für Entfaltung lassen. Deshalb suchen sie im Berufsleben stark nach einem Work-Life-Blending, nach Sinnhaftigkeit im Tun und nach Freiraum. Sie wollen offene Arbeitsplätze mit Gestaltungsmöglichkeiten und lassen sich durch Selbstbestimmung motivieren. Vertreter der Generation Y starten in der Führung gleich sehr »agil« durch – brauchen aber Coaching, um wieder in effiziente Bahnen gelenkt zu werden, weil ein zu weiter und offener Trichter letzten Endes nicht förderlich ist. Generation Y'ler müssen quasi wieder eingefangen werden und zurück in festere Strukturen finden, um erfolgreich zu sein.

Die Generation Z hat durch die Liebe und Fürsorge ihrer (Helikopter-)Eltern alle Möglichkeiten offen; ihnen liegt die Welt zu Füßen. Sie treffen ganz klare Entscheidungen und sind arbeitstechnisch nur motiviert, wenn es klare Grenzen gibt – z. B. die strikte Trennung zwischen Berufs- und Privatleben. Generation Z'ler wollen wieder kleinere Einzelbüros, sind gegen Homeoffice, verzichten gerne auf den von der Generation Y hart erkämpften »Tischkicker« im Büro, aber fordern konsequent Feedback von ihrer Führungskraft ein – am liebsten natürlich, wenn es positiv ist! Vertreter dieser Generation der Youngsters brauchen Mentoring und klare Grenzen, aber um in den wirklichen Effizienzbereich zu kommen, müssen die Z'ler lernen, die Scheuklappen wieder zu öffnen und sich in die Lage zu versetzen, innovativ werden zu können. Hier muss sich bildlich gesprochen der Führungsfunnel wieder öffnen, hin zur transformationalen Führung.

Generation Y und Z treffen sich im Idealfall in der Mitte des Trichters und ergänzen sich – das schafft letzten Endes die ideale Motivation für effiziente Zusammenarbeit.

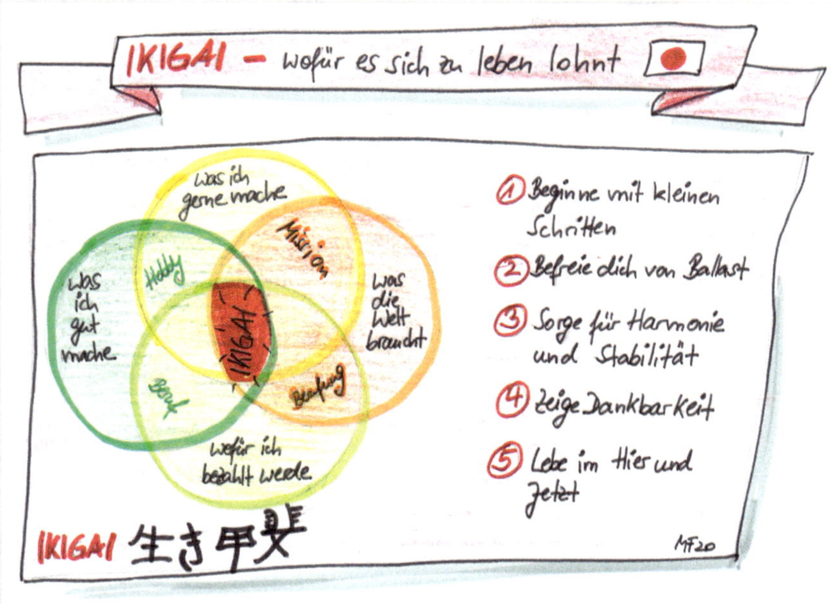

Abb. 22: *Ikigai*

Die Japaner haben in ihrer Kultur eine ganz eigene Art, das Thema Motivation anzugehen. Die oft langwierige und gründliche Selbsterforschung beim Streben nach Erfüllung manifestiert sich auf der Suche nach Ikigai. *Iki* bedeutet Leben und *gai* bedeutet Schale. Frei übersetzt geht es um das, wofür es sich zu leben lohnt – *»was meine Lebensschale füllt«*. Also im Grunde darum, wofür es sich für mich morgens lohnt, aufzustehen, was mich antreibt und motiviert, mein Leben in die Hand zu nehmen, um Freude und Zufriedenheit zu erlangen. Es ist hilfreich, dass ich mir darüber klar werde, was ich gerne mache, was ich gut mache, was die Welt braucht, aber eben auch, wofür ich bezahlt werde (also: was der Markt bereit ist, für das, was ich gut kann und gerne mache, zu bezahlen!). Habe ich hierfür in meinem Leben eine Antwort gefunden, bin ich motiviert und kann mein Leben in die eigene Hand nehmen, um nicht nur mit mir selbst und der Welt im Einklang zu sein, sondern auch erfolgreich und glücklich.

7.3.2 Praxistipps

Um für nachhaltige Motivation bei Ihren Mitarbeitern – und natürlich auch bei Ihnen selbst – zu sorgen, sollten Sie einige Aspekte dieses wichtigen **Futureskills** beherzigen:

- **Seien Sie ein Vorbild!**
  Wer führt, beeinflusst die Geführten, egal, ob bewusst oder unbewusst. Seien Sie sich Ihrer Vorbildrolle bewusst und achten Sie darauf, wie Sie wahrgenommen werden wollen. Beobachtung eines Vorbilds kann dazu führen, dass neue Verhaltensmuster gelernt und »abgeschaut« werden. Seien Sie eine Führungskraft, die sich selbst motiviert und alle wichtigen **Futureskills** beherrscht. Ihre Mitarbeiter werden sich gerne an Ihnen ein Beispiel nehmen, sich höhere Ziele stecken und sich diesen verpflichtet fühlen. Dadurch steigern sie die Leistung und sind am Ende leistungsfähiger. Seien Sie ihnen deshalb ein gutes und geeignetes Vorbild!
- **Befassen Sie sich mit den ethischen Aspekten Ihrer Führungsrolle!**
  Motivation hat immer etwas mit Manipulation zu tun und wird damit auch ein ethisches Thema, mit dem Sie sich konkret befassen müssen. Als Führungskraft stehen Sie mit Ihrer Persönlichkeit im Fokus und üben einen Einfluss auf Ihr Umfeld aus – im Positiven wie im Negativen. Beziehen Sie Stellung zu ethischen Aspekten, machen Sie sich Ihre ganz eigenen, echten und wahrhaftigen Gedanken über Moral. Gestalten Sie die Beziehung zwischen Ihnen als Führungskraft und Ihren Mitarbeitern und legen Sie Fairness und Menschenwürde als Maßstab an. Führung ist von Abwägung geprägt – und das ist nicht immer einfach. Als »ethische« Führungskraft sind Sie geprägt von einer hohen persönlichen Integrität und ermöglichen eine ethikbewusste Verhaltensweise. Es lohnt sich und sorgt für eine höhere Motivation – bei Ihnen selbst und bei Ihrem Team!
- **Sorgen Sie für Erfolgserlebnisse!**
  Übertragen Sie Ihren Mitarbeitern die Verantwortung, die sie brauchen, um ihre Aufgaben zu erledigen. Erkennen Sie Leistungen an und kommunizieren Sie dies auch. Menschen wollen ihre Ziele erreichen und stolz sein auf ihr Tun. Haben Sie die Leistungen Ihrer Mitarbeiter im Blick und erkennen Sie diese Leistungen an.

Machen Sie Erfolge sichtbar. Sie lassen sich erst genießen, wenn der Erfolg von anderen bestätigt wird. Aber vermeiden Sie bloße »Tschakka!«-Aktionen und aufgesetzte Worte. Es kommt auf Ernsthaftigkeit, Glaubwürdigkeit und Wertschätzung an. Ermutigen Sie Ihre Mitarbeiter auf positive Weise – und schaffen Sie dabei eine gesunde Fehlerkultur, denn aus Fehlern zu lernen und beim nächsten Mal besser zu werden, Hindernisse überwinden zu können, das sorgt für Motivation und bringt alle nach vorne.

- **Üben Sie sich in Wertschätzung!**
  Geben Sie sich selbst und Ihren Mitarbeitern einen Wert und erkennen Sie an, dass die Leistungen, die Sie und Ihre Mitarbeiter erbringen, wertvoll sind. Regelmäßiges Lob ist ein wichtiger Motivator und Zeichen spontaner Wertschätzung. Sorgen Sie dafür, dass es echt ist! Ein ernst gemeintes Schulterklopfen, ein Handschlag oder eine wertschätzende Mail motivieren manchmal mehr, als wir ahnen. Lassen Sie Ihre Mitarbeiter die Anerkennung spüren, die hinter dem Lob steht. Dann wird es als Belohnung und Bereicherung empfunden. Achten Sie darauf, dass Wertschätzungen persönlich und situationsbezogen ausfallen. Jeder will wertgeschätzt werden, das brauchen wir zur Stärkung unseres Selbstwertgefühls. Aber – es muss passen! Zu uns und zur Situation. Schenken Sie Ihren Mitarbeitern doch mal Zeit – durch ein verlängertes Wochenende, durch einen extra Tag Urlaub. Oder ermöglichen Sie Ihren Mitarbeitern, mit ihren Partnern und Familien Zeit zu verbringen – indem Sie für Babysitter Service, Betreuung von pflegebedürftigen Angehörigen o. ä. sorgen. Führen Sie Begrüßungsrituale ein und unterschätzen Sie niemals den Wert, den eine echte Ansprache haben kann. Kennen Sie Ihre Mitarbeiter mit Namen und sprechen Sie sie an, auch das trägt ebenfalls zur Wertschätzung bei – und wird leider oftmals unterschätzt, vor allem in großen Unternehmen oder auf Konzernebene.
- **Geben Sie Ihren Mitarbeitern Freiraum!**
  Und zwar genauso, wie es für die Mitarbeiter und das Unternehmen oder die Organisation passt. Mit der flexiblen Arbeitszeit angefangen bis hin zur Verteilung der Rollen und Aufgaben, die Ihre Mitarbeiter gerne übernehmen möchten – Freiraum motiviert. Schaffen Sie auch räumlich ein Ambiente, in dem es sich frei und angenehm arbeiten lässt. Hier geht es nicht um den in Mode gekommenen Tischkicker oder hypermoderne Vielzweckmöbel. Es geht darum, die Räumlichkeiten so zu gestalten, dass es zu Ihrem Team und Ihnen passt. Wenn das Ambiente so gestaltet ist, dass sich die Gedanken frei bewegen können, steht der Kreativität und Produktivität weitaus weniger im Weg, im Gegenteil. Sorgen Sie dafür, dass Ihre Mitarbeiter den Kopf freibekommen, mit ihren Energien und

Kräften haushalten können und ihnen im wahrsten Sinne des Wortes Luft zum Atmen bleibt. Ermöglichen Sie es ihnen, den Rücken freizubekommen von oftmals lästiger, einschränkender Bürokratie und von operativem Ballast. Wie sieht es mit mobilem Arbeiten aus? Geben Sie Ihrem Team die Freiheiten, die notwendig sind, um bestmögliche Ergebnisse abzuliefern und sich motiviert seinen Aufgaben zu stellen. Immer wieder aufs Neue. Lassen Sie Ihre Mitarbeiter gestalterischen Einfluss nehmen auf ihre Arbeit und ihren Arbeitsplatz.

- **Stehen Sie ein für Verbindlichkeit!**
  Bleiben Sie sich selber treu und stehen Sie zu Ihrem Wort. Verbindlichkeit hat nichts mit Autorität zu tun, sondern damit, eine Aufgabe besser zu meistern und effizienter zu sein in seinem Tun. Verbindlichkeit schafft Sicherheit – und Sicherheit motiviert. Kommunizieren Sie klar, eindeutig und verlässlich. Bleiben Sie in einem ständigen Dialog mit Ihren Mitarbeitern und vermeiden Sie Missverständnisse. Ein Großteil von Führung wird über Sprache vermittelt – und Führungssprache hat eine Orientierungsfunktion. Streichen Sie den Konjunktiv oder unkonkrete Formulierungen aus Ihrem Wortschatz. Zu viel Interpretationsspielraum wirkt der Verbindlichkeit entgegen. Stellen Sie Ihre Zuverlässigkeit unter Beweis und sorgen Sie dafür, dass Ihr Wort auch wirklich gilt.

7.3.3 Interviews mit Führungskräften

Anja Hemmersbach

MF & MJ: *Wie motivieren Sie sich selbst und Ihre Mitarbeiter?*

AH: Indem ich versuche, aus dem Negativen auch noch etwas Positives zu machen, immer mehrere Punkte zu betrachten und mich auf die positiven Dinge zu konzentrieren. Ich gestehe mir zu, mir selber Luft machen, und gebe den Mitarbeitern und Kollegen ebenfalls die Gelegenheit dazu. Ich höre ihnen auch zu, versuche aber immer, mit einem positiven Gedanken abzuschließen. Ich mache deutlich, dass man in schwierigen Situationen immer noch Halt im Team hat. Ebenfalls ist viel Lachen und Spaß haben für mich ein ganz wichtiger Motivationsfaktor.

MF & MJ: *Wie könnte Motivation messbar sein und gemessen werden?*

AH: An den persönlichen Zielen und der Einsatzbereitschaft der Mitarbeiter.

MF & MJ: *Was bringt Motivation in Ihrem Alltag als Führungskraft? Haben Sie konkrete Beispiele und Erfahrungen hierzu?*

AH: Ich finde es recht schwierig, hier konkret zu werden. Motivation ist für mich ein unverzichtbarer Faktor im Alltag. Wenn meine Mitarbeiter motiviert sind bei der Arbeit, erhalte ich viel bessere und schnellere Ergebnisse. Das habe ich sowohl als Trainerin, aber auch als Teamlead im Projekt immer wieder erlebt. Die Ergebnisse waren gute Werte und hohe Bestehensquoten bei Prüfungen, zufriedene Kunden und erfolgreich umgesetzte Konzepte in den Projekten. Auch in Krisensituationen habe ich hohe Einsatzbereitschaft und lösungsorientiertes Handeln meiner Mitarbeiter erleben dürfen, was ohne Motivation in dem Umfang gar nicht funktioniert hätte.

MF & MJ: Wie motivieren Sie Menschen, mit denen Sie nur virtuell / digital zu tun haben? Sehen Sie hier einen Unterschied zu den Menschen, die Sie als Präsenzkontakte haben?

AH: Das ist schon ein großer Unterschied. Mit Präsenz kann ich sehr viel erreichen, mit Gesten, mit Augenkontakt und vor allem kann ich sofort sehen, wenn sich die Mimik oder die Stimmungslage meines Gegenübers verändert. Aber auch virtuell gibt es da zahlreiche Möglichkeiten. Man kann sich z. B. Rituale schaffen, wie witzige »Guten Morgen Grüße«, ebenfalls habe ich viel mit Bildern gearbeitet. Immer wieder die Kommunikation suchen, herausfinden wie der Mensch am anderen Ende auf bestimmte Sachen reagiert und die Feinfühligkeit sehr auf die Stimmlage und die virtuelle Reaktion auf die Rituale fokussieren. Gemeinsame Nenner in einer Gruppe finden und diese in die Arbeit mit einbauen, damit man auch eine gemeinsame Zielsetzung schafft.

Bernd Kirchen

MF & MJ: *Wie motivieren Sie sich selbst und Ihre Mitarbeiter?*

BK: Für mich ist es am wichtigsten, gerade bei Misserfolg, die Situation anzunehmen, sich die Erfolge vor Augen zu führen und sich davon motivieren zu lassen. Im Verkauf sind die Erfolge ständig präsent – aber eben auch die Misserfolge. Ich lese aus den Berichten, wie motiviert meine Mitarbeiter sind. Erfolge führe ich ihnen vor Augen und zeige – vor allem nach Misserfolgen – auch Perspektiven und Möglichkeiten auf, es anders, besser, toller zu machen. Anerkennung und Lob ist für meine Mitarbeiter bei Erfolg das, was motiviert. Und wenn ich von mir aus auf sie zukomme und die Erfolge anspreche. Mit Motivation kommen wir aus der demotivierenden Situation heraus und das ist wichtig. Es kommt auch darauf an, Erfolge aus der Vergangenheit aufzuführen, um das als Anschub zu sehen, dass es diesmal auch wieder klappen wird. Oft hilft auch etwas Abstand. Und dann wird erneut an das Thema drangegangen, mit neuen Energien, neuen Ideen. Dann kommt Bewegung in die Sache – eben Motivation! Es ist aber wichtig, die richtige Dosis für Lob und Anerkennung zu finden. Dafür braucht die Führungskraft viel Empathie. Konstruktive Kritik kann sehr motivierend sein und in die richtige Richtung führen. Ich muss Erfolge ansprechen und feiern – denn Erfolg macht süchtig. Und das motiviert!

MF & MJ: *Wie könnte Motivation messbar sein und gemessen werden?*

BK: Messbar ist schwierig, es geht nur durch Beobachten und Empathie. Es kommt auf die Erfahrung an, Menschen einschätzen zu können. Es passiert alles auf emotionaler Ebene – und das ist schwer messbar. Schwierig wird es bei empathielosen Menschen – denn die werden den Grad der Motivation nie einschätzen können.

MF & MJ: *Was bringt Motivation in Ihrem Alltag als Führungskraft? Haben Sie konkrete Beispiele und Erfahrungen hierzu?*

BK: 80 % meiner Arbeit ist administrativ. Und wenn ich motivierte Mitarbeiter habe, dann ziehen die auch mich mit. Meine Chefs schaffen es auch regelmäßig, mich zu motivieren – und das tut gut. Es geht dabei zum Glück längst nicht nur um Verkaufszahlen, sondern es wird auch der Mensch gesehen – und das ist wichtig. Wenn ich das Vertrauen der GF habe, dann motiviert mich das natürlich sehr! Ich muss für mich selbst und meine Mitarbeiter das richtige Maß an Motivation finden – da tickt jeder anders. Für mich ist Sport ein ganz wichtiger Faktor, der mich motiviert und mir neue Kraft gibt, damit ich meinerseits wieder andere motivieren kann. Und ein intaktes Umfeld ist wichtig, um sich selbst und andere motivieren zu können.

MF & MJ: Wie motivieren Sie Menschen, mit denen Sie nur virtuell/digital zu tun haben? Sehen Sie hier einen Unterschied zu den Menschen, die Sie als Präsenzkontakte haben?

BK: Ich sehe meine Mitarbeiter sehr oft nicht, weil sie draußen beim Kunden sind. Das macht es schwieriger. Als Führungskraft muss ich hier noch empathischer sein. Und es ist wichtig, zumindest telefonisch Kontakt zu halten – nicht nur per Mails. Wenn die Mails quasi zeitgleich geschickt werden und ein direkter Dialog entsteht, dann ist es gut. Dann gehen die Mails hin und her und die Reaktion ist ziemlich aktuell. Das funktioniert. Wenn es zeitversetzt ist, wird es gefährlich. Weil die Gefühle einfach nicht so rüberkommen, Missverständnisse entstehen .... Persönlich zu sprechen ist motivierender, weil es einfach echter und direkter ist. Wichtig in der digitalen und in der Live-Kommunikation ist, dass es keine schlechten Nachrichten zum Wochenende gibt von meiner Seite an meine Mitarbeiter. Sie müssen motiviert bleiben und Kraft schöpfen können. Auch montagmorgens gibt's nicht gleich schlechte Nachrichten – sonst ist das demotivierend. Timing ist ein wesentlicher Motivationsfaktor! Es ist auch ganz wichtig, bei virtueller Kommunikation ganz gut nachzudenken, bevor auf den »Sende«-Knopf gedrückt wird. Vielleicht auch mal einen Tag zu warten, bevor die Mail verschickt wird – es kann sonst schnell aus dem Ruder laufen. Und dann sind wir wieder bei der Demotivation ...

Prof. Dr.-Ing. Helmut Klausing

MF & MJ: *Wie motivieren Sie sich selbst und Ihre Mitarbeiter?*

HK: Eine bestimmte Motivationsgrundlage bekommt jeder Mensch von zuhause aus mit – d. h., Motivation fängt ganz früh an. Wie sieht man das Leben, wie geht man mit Rückschlägen um, wie rappelt man sich wieder auf. Motivation ist schwer zu lernen. Für mich ist es wichtig, den richtigen Kontakt zu den Mitarbeitern zu haben – auch zu anderen Menschen, externen Geschäftspartnern. Der »Draht« muss da sein, dann kann ich sie immer wieder aufbauen. Das geht aber nur, wenn die Mitarbeiter zugänglich sind. Und ich muss selbst motiviert und gut drauf sein, sonst kann ich andere nicht motivieren. Ich persönlich bin aus Sicht von anderen manchmal »zu nett« zu meinen Mitarbeitern – aber auf diese Weise erziele ich einfach die besten Ergebnisse. Ich entwickle einen Zugang zu den Menschen. Ich muss übrigens auch mal zeigen dürfen, dass es Dinge gibt, die mir nicht passen. Meine Mitarbeiter dürfen merken, wann ich mich wirklich ärgere – diese Echtheit motiviert dann. Ich bin ein Mensch und muss das auch zeigen dürfen – dann bin ich echt und das kommt an.

MF & MJ: *Wie könnte Motivation messbar sein und gemessen werden?*

HK: Gehen Sie einfach mal mit offenen Augen und offenem Gefühl durch den Flur in Ihrem Unternehmen – dann spüren Sie, wie es mit der Motivation bestellt ist. Aber natürlich gibt es auch 360° Feedback und sonstige Methoden. Aber es hängt einfach an der Empathie und an dem Draht, den die Führungskraft zu den Mitarbeitern hat. Wenn Sie Ihre Mitarbeiter nicht lieben, dann werden Sie nie eine gute Führungskraft. Denn man kann viel lernen, es gibt viele Tools – aber ohne die Liebe zu den Mitarbeitern und die Wertschätzung funktioniert es nicht.

MF & MJ: *Was bringt Motivation in Ihrem Alltag als Führungskraft? Haben Sie konkrete Beispiele und Erfahrungen hierzu?*

HK: Wenn Sie als Führungskraft nur Ihren Job kennen und ausgebrannt sind, dann können Sie nicht mehr motivieren. Und ohne Motivation geht es nicht. Sie brauchen aber einen Gegenpol im Privaten – damit es mit der Motivation im Beruf klappt. Ich brauche selbst die Motivation, um durchzuhalten, um weiterzumachen. Und um meine Mitarbeiter zu motivieren. Ich kann aber Motivation nicht spielen. Das ganze »tschakka« bringt nichts, denn es ist nicht echt. Und das merken die Menschen. Meine Motivation hängt auch von meinem Weltbild ab, von meinen Werten. Wenn es »falsch« wird, dann wird es demotivierend, weil die Leute sich für dumm verkauft fühlen. Ich muss Dinge beim Namen nennen können, um mich der Realität zu stellen, um echt zu sein. Und dann kommt Vertrauen – und das steht in direktem Zusammenhang mit Motivation. Ohne Vertrauen keine Motivation, ohne Motivation kein Vertrauen.

MF & MJ: Wie motivieren Sie Menschen, mit denen Sie nur virtuell/digital zu tun haben? Sehen Sie hier einen Unterschied zu den Menschen, die Sie als Präsenzkontakte haben?

HK: Grundsätzlich ist es so, dass die moderne Technik heute viele Möglichkeiten bietet. Aber Sie brauchen erst einmal eine menschliche Basis und müssen sich schon mal persönlich kennen, damit es dann auch virtuell funktioniert. Sie müssen die Menschen einschätzen können – und dafür braucht es den Live-Kontakt. Es tut den Menschen gut, wenn sie sich ernst genommen und wertgeschätzt fühlen – aber dafür brauche ich erst mal genug Wissen, wie dieser Mensch tickt, was ihn bewegt. Und Sie müssen sich auch ausführlich mit den technischen Möglichkeiten befassen, um sie dann auch einsetzen zu können – und Sie müssen das auch den Mitarbeitern nahebringen können, um Akzeptanz zu erlangen für die modernen Medien. Aber ohne den vorherigen persönlichen Kontakt in einem Raum, bei dem man sprichwörtlich dieselbe Luft atmet, geht das Virtuelle bzw. Digitale nicht. Sie können noch so viel Homeoffice machen, aber Sie müssen sich irgendwann wieder treffen, um sich zu spüren. Wir sind alles nur Menschen, keine KI!

Lorenzo Scibetta

MF & MJ: *Wie motivieren Sie sich selbst und Ihre Mitarbeiter?*

LS: Wertschätzung, Dankbarkeit, Überraschen, Einbindung in Themen und sich helfen lassen.
Delegieren und Verantwortung abgeben – Themen loslassen und zu 100 % in die Hände der Mitarbeiter geben.

MF & MJ: *Wie könnte Motivation messbar sein und gemessen werden?*

LS: Mitarbeiterumfrage regelmäßig
Teamevents mit Fokus auf Spaß, Austausch und Zusammenhalt
Regelmäßiger Austausch idealerweise persönlich, um Stimmungen wahrzunehmen

MF & MJ: *Was bringt Motivation in Ihrem Alltag als Führungskraft? Haben Sie konkrete Beispiele und Erfahrungen hierzu?*

LS: Merke ich, dass die Motivation bei mir am Boden ist, dann nehme ich meine Gitarre und spiele oder nehme mir ein Blatt Papier und schreibe einen Song. Häufig schreibe ich über das, was gerade in mir vorgeht und das Aufschreiben hilft es zu verarbeiten. Ich verbringe mehr Zeit mit meiner Familie und tanke den Akku auf. Ich umgebe mich mit Menschen, die eine hohe Eigenmotivation haben, lasse mich inspirieren und mitreißen.

MF & MJ: *Wie motivieren Sie Menschen, mit denen Sie nur virtuell/digital zu tun haben? Sehen Sie hier einen Unterschied zu den Menschen, die Sie als Präsenzkontakte haben?*

LS: Es gibt einen Unterschied – dennoch kann ich den klein halten mit Videotelefonie.

8 Coaching

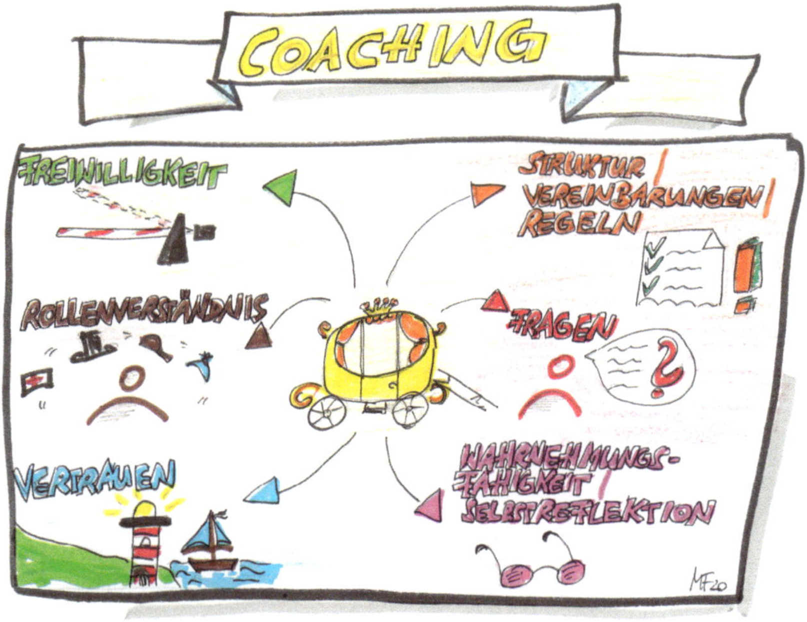

Abb. 23: *Übersicht Coaching*

8.1 Einführung

8.1.1 Rahmenhandlung

Gestern liefen sich Thomas Michael Müller und der neue Bereichsleiter in der Kaffeeküche der Firma über den Weg, und der »Neue« erzählte Thomas Michael Müller von einem wertvollen Impuls, den er kürzlich von seinem Coach bekommen hatte. Er hat ***Coaching****? Wow. Das weckte sofort Thomas Michael Müllers Aufmerksamkeit. Coaching … Was genau ist denn überhaupt ein solches Coaching? Wie funktioniert es? Was wird da gemacht? Alle trinken grünen Tee und legen sich danach auf die Couch, um sich alles von der Seele zu quatschen? Wie soll das denn gehen, dass eine Führungskraft selbst zum Coach wird – und sich ihre Rollen komplett verschieben und verzerren bzw.*

verschwimmen oder sich verwässern? Einerseits muss die Führungskraft disziplinarisch den Hut aufhaben – und soll dennoch ganz neutral mit offenem Ohr der Vertraute des Mitarbeiters werden? Thomas Michael Müller ist mehr als skeptisch. Offensichtlich ist Coaching etwas ganz anderes und muss im Berufsumfeld auch ganz anders angegangen werden. Im Freundeskreis, bei seinen Jungs vom Lauftreff, bringt Thomas Michael Müller das Thema zur Sprache – um einfach mal zu testen, was andere darüber denken. Und erstaunlicherweise hat einer der Jungs – selbst eine Führungskraft – bereits sehr gute Erfahrungen mit Coaching gemacht und kann Thomas Michael Müller Interessantes darüber berichten. Thomas Michael Müllers Neugier ist geweckt!

8.1.2 Warum dieses Futureskill

Coaching ist einer der Begriffe, die im Geschäftsalltag Einzug gefunden haben und daraus fast nicht mehr wegzudenken sind. Es ist zweifelsfrei ein wichtiges **Futureskill** für die Führungskräfte für heute und morgen – gleichzeitig ist Coaching auch ein sehr heißes Eisen, bei dem die Führungskräfte viel falsch, aber, mit dem nötigen Fachwissen und Rüstzeug, auch viel richtig machen können.

Coaching kommt vom englischen Begriff für Kutsche – also *coach*. Und steht damit sinnbildlich dafür, von einem Punkt zum anderen zu gelangen. Im modernen Englisch wird der Begriff *coach* einerseits für den Trainer einer Sportmannschaft verwendet, andererseits steht er für den modernen Reisebus. In beiden Fällen geht es darum, dass der Coach dafür steht, Eigenverantwortung zu fördern und Lösungen zu finden, wie von Punkt A zum Punkt B gelangt werden kann.

Wichtig ist in diesem Zusammenhang allerdings, ganz klar eine Linie zu ziehen: Coaching hat nichts mit Therapie zu tun und auch nichts mit Beratung! Coaching ist eine Kombination aus individuellem, persönlichem Feedback und einer praxisnahen Reflexion mit dem Ziel, das persönliche Verhalten nachvollziehbar und damit steuerbar zu machen.

Als **Futureskill** sollte sich die Führungskraft dem Thema aus zwei unterschiedlichen Richtungen annähern. Zum einen geht es darum, dass die Führungskraft selbst als Coach fungiert, um die Mitarbeiter dabei zu unterstützen, leistungsfähiger zu handeln und Lösungen für auftretende Probleme zu finden – um im Endeffekt eine höhere Identifikation mit dem Job und mit den Aufgaben zu erlangen. Auf der Website der Bundesregierung kommt in einem Podcast die Sprecherin der leitenden Angestellten beim Softwareriesen SAP zu Wort, Margret Klein-Magar, die betont: »*Führung muss den Wandel gestalten und einen Rahmen schaffen, dass Mitarbeiter erfolgreich sein können. Es geht um Empowerment, also die Macht, zu entscheiden und zu delegieren. [...] Die Führungskraft der Zukunft muss eher ein Coach sein und nicht über Command & Control führen, sondern den Mitarbeitern ermöglichen, kreativ zu sein, ihr Potenzial auszuschöpfen und Entscheidungen gegebenenfalls auch selbst zu treffen.*« Laut Klein-Magar funktioniert Führung heute nicht mehr ohne Coaching, weil zum einen die Teams und Projekte immer internationaler, interkultureller und damit komplexer werden. Zum anderen gibt es immer mehr Wissensarbeitsplätze, bei denen die Mitarbeiter immer mehr Expertise haben und die Fähigkeit und Befugnisse brauchen, aktiv den Lösungsprozess zu steuern. Dafür ist es nötig, dass die Führungskraft unterstützt, ohne dem Kontrollwahn zu unterliegen und dem Mitarbeiter genau die Freiheit und Möglichkeiten gibt, selbstverantwortlich zu agieren. Nicht als hierarchischer »Big Boss«, sondern als Coach. Das ist jedoch alles andere als einfach, denn sehr schnell kann die Führungskraft hier in einen Rollenkonflikt geraten!

Zum anderen geht es beim **Futureskill** Coaching darum, dass die Führungskraft selbst (externes) Coaching in Anspruch nimmt, um der eigenen Führungsrolle und den damit verbundenen Führungsaufgaben gerecht werden zu können. Ein (externer) Coach fungiert hierbei als Sparringspartner und Impulsgeber für die Führungskraft, um sie dabei zu unterstützen, zu reflektieren, zu lernen und sich weiterzuentwickeln.

Weil externe Coaches als Außenstehende unabhängig agieren können, entscheiden sich viele Führungskräfte für einen Externen. Die Neutralität des externen Coaches zum Klientensystem ermöglicht in vielen Fällen erst den im Coaching so wichtigen Perspektivwechsel. Der Externe kann deshalb genau die Fragen stellen, die seinem Coachee die Sicht von außen ermöglichen.

Abb. 24: *»Coachingleiter«*

8.2 Wissenschaftlicher Bezug

Es gibt zahlreiche valide Studien aus der empirischen Forschung über die Wirksamkeit von Coaching. Die Ergebnisse sind eindeutig: Coaching wirkt!

Im organisationalen Umfeld *(Business Coaching)* stattfindendes Coaching hat positive Effekte auf alle untersuchten Kriterien. Die positivsten Effekte konnten im Bereich der Zielerreichung (*goal-attainment*) gemessen werden. Leistungskraft (*Performance/Skills*), Arbeitseinstellung (*Work/Career attitudes*), Wohlbefinden (*well-being*) und die Fähigkeit zur Entwicklung von Strategien zur Problembewältigung (*Coping*) folgten in der Rangfolge danach (Metastudie Theeboom, Does coaching work?, 2014).

Was kann Coaching bewirken? Coaching kostet Zeit und Ressourcen, deshalb ist es sehr naheliegend, auch einen Blick auf die konkreten Ergebnisse zu werfen.

Eine Studie aus dem Jahr 2015, über die Brian Tracy in einem Vortrag auf YouTube erzählt hat, zeigt anschaulich, welche positiven Auswirkungen Business Coaching in Bezug auf den ROI (*Return of Investment*) hat.

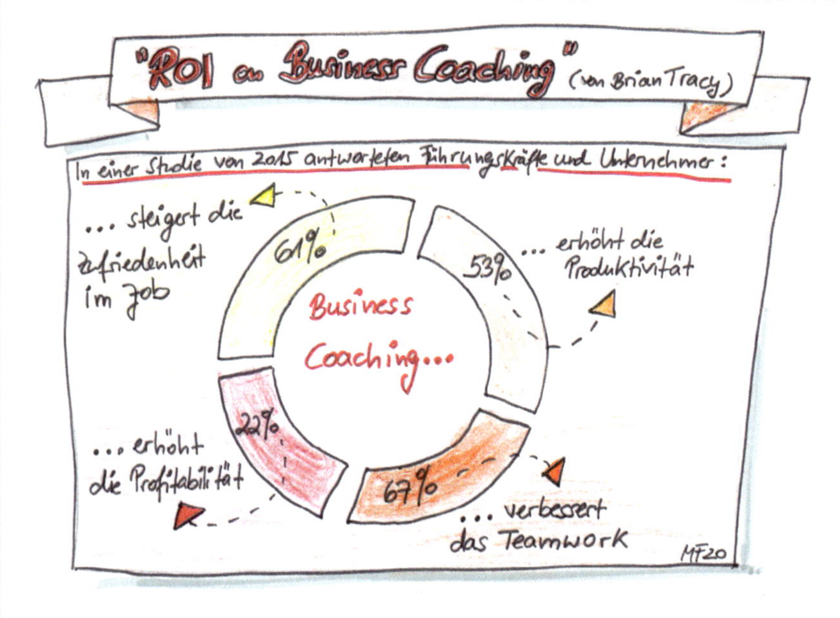

Abb. 25: *Brian Tracy: »ROI on Business Coaching«*

Durch die Hirnforschung konnte mittlerweile nachgewiesen werden, dass von Anfang an ein tiefes Vertrauensverhältnis von Coach und Coachee gegeben sein muss, damit ein Coachingprozess gelingen soll (Haufe, Wirtschaft und Weiterbildung, 2016). Prof. Dr. Dr. G. Roth, Neurobiologe am Hirnforschungsinstitut der Uni Bremen, ist der Überzeugung, dass diese Erkenntnis wissenschaftlich zu hundert Prozent abgesichert ist. Diese vertrauensvolle und von Sympathie geprägte Arbeitshaltung wird auch als »therapeutische Allianz« bezeichnet. Diese Allianz bewirkt, dass im Gehirn des Coachees das Bindungshormon Oxytocin ausgeschüttet wird. Es senkt die Produktion des Stresshormons Cortisol und bewirkt weiter, dass sog. »hirneigene Drogen« (endogene Opiode) ausgeschüttet werden.

Entsprechend den Erkenntnissen von Roth sollte der Coach (hier die Führungskraft in der Rolle des Coaches) deshalb in erster Linie darauf achten, dass er eine gute emotionale Bindung und eine vertrauensvolle Arbeitsbeziehung zu seinem Coachee (also dem Mitarbeiter) hat. Vorausgesetzt, die therapeutische Allianz wird erreicht und eine massive Ausschüttung des Bindungshormons erfolgt, wird im Verlaufe des Coaching-Prozesses dieser Pegel auch wieder abnehmen. Darüber sollte sich der Coach im Klaren sein und sich auf die zweite Phase vorbereiten. In dieser Phase sollte der Coachee in Aktion treten und das neue Fühlen, Denken oder Handeln üben. Im Gehirn findet, je nach Schwere der Belastung, die Verarbeitung in einer anderen Gehirnregion statt. Handelt es sich um eine leichtere Belastung, findet dieser Vorgang im limbischen System, also im Bewusstsein, statt. Schwere Defizite werden im unteren limbischen System bis hin zur Amygdala bearbeitet. Um hier eine Veränderung zu bewirken, hilft nur »üben, üben, üben«. Das wiederum ist stark von der Dopamin-Ausschüttung abhängig. Dopamin ist umgangssprachlich auch als Glückshormon bekannt und erzeugt Freude, Belohnung und Motivation.

Der Coach unterstützt hier in der zweiten Phase durch entsprechende Methoden. Welche das sind, hängt von der Qualifikation des Coachs ab (systemisch, NLP usw.). In der zweiten Phase geht es letztendlich darum, die richtigen Neuronen im Gehirn zu entwickeln und durch ein gewisses Prozedere neue Gewohnheiten zu erlernen. Laut Neurobiologie ist es dabei sehr wichtig, dass der Coach den Coachee dabei unterstützt, Zugang zu seinen (verschütteten) Ressourcen zu bekommen, um seine Stärken zu erfahren, was wiederum seine Veränderungskraft erhöht (vgl. Haufe, Wirtschaft und Weiterbildung, 11/12_2016, S. 21).

Buchtipp: C. ROTH, Neurobiologische Grundlagen wirksamer Veränderungskonzepte (2016, Klett-Kotta)

8.3 Praxisbezug

8.3.1 Methoden und Umsetzung

»*Mitarbeiter wünschen sich Coaching, bekommen es aber nicht.*« Mit dieser Aussage lässt sich das Ergebnis einer repräsentativen Umfrage der Haufe Akademie »Wert der Weiterbildung« (08/2018) in einem Satz zusammenfassen. Nahezu 80 % der Angestellten haben den Wunsch nach Coaching, jedoch bekommen von Unternehmensseite nur 34 % die Möglichkeit dazu, es in Anspruch zu nehmen.

Eine etwas ältere Studie (Robert Half, 08/2012), jedoch nicht minder eindrucksvoll, zeigt, dass sich 88 % der deutschen Arbeitnehmer einen Vorgesetzten wünschen, der ein guter Karriere-Coach ist. Leider sind 42 % der Befragten der Meinung, dass ihr Vorgesetzter kein guter Karriere-Coach ist.

Damit die Führungskraft kompetent die Rolle des Coachs übernehmen kann, sollte sie über gewisse Qualifikationen verfügen. Eine entsprechende Zusatzqualifikation wird empfohlen. Nun stellt sich die Frage, welche Coaching-Qualifikation am wirkungsvollsten ist. Leider ist in Deutschland der Begriff des Coachs in keiner Weise geschützt, sodass prinzipiell jeder ein Coaching Zertifikat ausstellen kann. Erste Anhaltspunkte zu Qualität und Inhalten bieten die (auch wieder zahlreichen) Verbände zu Coaching an. Exemplarisch sei hier der DBVC (Deutscher Bundesverband Coaching e. V.) als derzeit führender Verband im Bereich Business Coaching und Leadership genannt. Auch die Stiftung Warentest hat Informationen zu Merkmalen guter Coaching-Qualifizierungen. Beispielsweise weist sie darauf hin, dass eine Coaching-Ausbildung mindestens 250 Stunden umfassen sollte (Psychologischer Berater, Anbieter und Lehrgänge im Vergleich). Es gibt hier zahlreiche unterschiedliche Coaching Qualifizierungen: Systemischer Coach (sehr häufig im Business Umfeld), Business Coach, NLP Coach (Neurolinguistische Programmierung), Agiler Coach usw.

Welche Kompetenzen benötigt die Führungskraft, um ein »guter Coach« zu sein? Das wichtigste Entscheidungskriterium, so die grundlegende Annahme, um ein erfolgreiches Coachingergebnis zu erzielen, ist, dass die Beziehungsebene zwischen Coach und Coachee positiv geprägt ist – sich beide sympathisch finden. Grundsätzlich sollte dies zwischen Führungskraft und Mitarbeiter als gegeben vorausgesetzt werden. Jedoch herrscht nicht nur immer eitel Sonnenschein und gerade in belasteten Situationen ist ein Coaching oftmals notwendig. Kann die Führungskraft dann nicht mehr als Coach agieren?

Die Meta-Analyse von Dr. C. Graßmann (2019) hat ergeben, »*dass die Beziehungsqualität tatsächlich mit den Coaching Ergebnissen*« zusammenhängt, was jedoch nur einen mittelstarken Effekt auf das Coachingergebnis bzw. den Coachingerfolg hat. Das steht klar im Widerspruch zu den Ergebnissen der Gehirnforschung. Unabhängig davon sollte das Hauptaugenmerk auf die Kompetenzen des Coaches gelegt werden.

Doch welches sind die Kompetenzen, über die die Führungskraft verfügen sollte, um seine Mitarbeiter erfolgreich coachen zu können? Folgende Kompetenzen im Business Coaching sind zu benennen (abgeleitet von den Auswahlkriterien für Coaches von Dr. C. Rauen, Coaching-Kompetenzmodell):

- Selbstkompetenz (Persönlichkeit)
- Sozial-kommunikative Kompetenz
- Methodenkompetenz
- Sachkompetenz
- Feld- und Funktionskompetenz

Die größte Ausprägung bei einem Coaching durch die Führungskraft liegt im letzten Punkt, der Feldkompetenz. Branchen-, Organisationskompetenz sowie Professionalität sind bei der Führungskraft als Coach sogar besser ausgeprägt als bei einem externen Coach. Im letzten Punkt liegt aber auch das Risiko. Verfügt die Führungskraft über so viel Kompetenz, eine klare Rollentrennung zu vermitteln und auch intrinsisch zu vollziehen, oder bleibt sie auch während des Coachings als Führungskraft präsent?

Wenn die Führungskraft selbst als Coach fungieren soll, ist somit ein Rollenkonflikt bereits vorprogrammiert! Die Führungskraft muss den schier unmöglichen Spagat schaffen zwischen ihrer Rolle als Vorgesetzter einerseits – im hierarchischen Machtgefüge eines Unternehmens – und der Rolle als Coach andererseits, der dem Mitarbeiter die »richtigen Fragen stellt« und ihn dabei unterstützt, selbstständig Lösungsansätze zu entwickeln und sich persönlich wie fachlich weiterzuentwickeln. Hier begibt sich die Führungskraft auf gefährliches Terrain, bei dem die Gefahr besteht, dass sie ihre Macht missbraucht und als Coach versucht ist, den Mitarbeiter zu manipulieren. »Coaching« ist ein Begriff, der sich in der Geschäftswelt sehr inflationär verbreitet – alles und jeder wird »gecoacht«. Das ist gefährlich, wenn die Führungskraft nicht weiß, was sie tut! Es gibt ganz klare Grenzen, bei denen die selbsternannten »Laien-Coaches« mehr schaden als nutzen. Diese Grenzen müssen klar erkannt und eingehalten werden! Dazu gehört auch, dass einige Themen im Rahmen eines Coachings durch die Führungskraft tabu sind, denn die Führungskraft ist kein »normaler« im Sinne von klassischer (und oftmals schon gar kein ausgebildeter!) Coach. Deshalb ist es wichtig, dass die Führungskraft ausschließlich in beruflichen Themen coacht, die einen direkten Praxisbezug zur jeweiligen Position und den konkreten Aufgaben des Mitarbeiters haben. Die berufliche Relevanz steht im Mittelpunkt und es geht darum, welches Anliegen der Mitarbeiter in seinem Fachbereich hat. Die Führungskraft als Coach muss Neutralität wahren und darf dem Mitarbeiter – also dem Coachee – auf keinen Fall fertige Lösungen präsentieren, sondern allenfalls Hilfe zur Selbsthilfe leisten. Die Führungskraft in der Rolle als Coach stellt den Rahmen her und ermöglicht dem Mitarbeiter, den Prozess der Lösungsfindung eigenständig zu gehen. Von der Führungskraft wird also in ihrer Rolle als Coach eine hohe Flexibilität, Konstruktivität und Vorurteilsfreiheit gefordert. Es geht darum, zuzuhören, die »richtigen« Fragen zu stellen, gut zu beobachten und in der richtigen Atmosphäre durch eine professionelle Vorgehensweise eine Struktur zu schaffen, Regeln aufzustellen und dem Mitarbeiter zu ermöglichen, seinen Job zu machen.

Welche Art von Coachings kann die Führungskraft dem Mitarbeiter anbieten?

Coaching kommt ursprünglich aus Amerika und bedeutet, dass der Vorgesetzte als Personalverantwortlicher die Aufgabe hat, seine Mitarbeiter zu entwickeln.

Folgende Coaching Inhalte sind zu unterscheiden: !

- Karrierecoaching, z. B. für Mitarbeiter mit hohem Entwicklungspotenzial, für Mitarbeiter mit beruflichem Veränderungswunsch
- Persönlichkeitscoaching, z. B. für Mitarbeiter mit persönlichen Herausforderungen, für Mitarbeiter im Rahmen ihrer Softskill-Entwicklung wie Kommunikation, Konfliktverhalten, Durchsetzungsvermögen, Teamfähigkeit u. a.
- Führungscoaching, z. B. für unterstellte Führungskräfte im Rahmen der Führungskräfteentwicklung
- Projektcoaching, z. B. für Projektmanager bezüglich Methodik, Stakeholdermanagement, Kommunikation mit Mitarbeitern in unterschiedlichen Projektorganisationsformen o. a.

Zum Schluss noch ein wichtiger Punkt: Coaching muss immer individuell sein! Der Versuch, ein Coachingformat auf alle Mitarbeiter anzuwenden, wird nicht zu erfolgreichen Ergebnissen führen. So individuell wie jeder Mitarbeiter ist, so individuell wird das Coaching verlaufen.

Wie könnte ein Coaching-Gespräch aufgebaut sein?

Eine sehr klare und praxistaugliche Struktur bietet die **RAFAEL-Methode** zum Aufbau eines Coaching-Gespräches (Rosenstiel, Regnet, Domsch, Führung von Mitarbeitern) zwischen Führungskraft (hier in der Rolle als Coach) und Mitarbeiter.

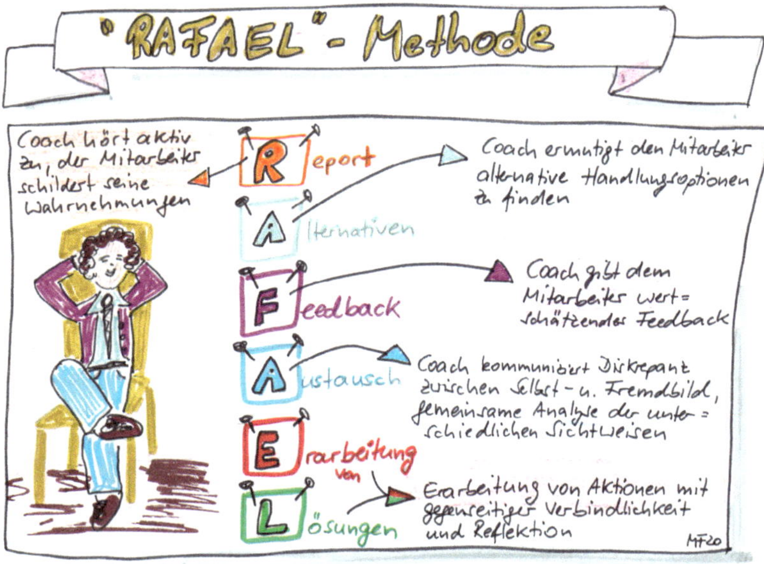

Abb. 26: *RAFAEL-Methode im Coaching*

8.3.2 Praxistipps

Machen Sie sich als Führungskraft den Rollenkonflikt bewusst, und lernen Sie, ein fördernder Chef zu sein, der nicht dem »Tool-Wahn« verfällt, sondern ein echtes Interesse am Mitarbeiter hat und ihn dabei unterstützt, sich der Verantwortung im Job zu stellen. Ganz wichtig dabei ist: Coaching braucht Zielsetzung!

Um das **Futureskill** Coaching gut umzusetzen und als Führungskraft den Spagat zu schaffen zwischen der disziplinarischen Führungsrolle und der Rolle als Coach, gibt es einiges zu beherzigen.

1. **Freiwilligkeit**
   Es ist ganz wichtig, dass Ihr Coachee zu jeder Zeit frei entscheiden kann, ob es ein Coaching gibt oder nicht. Sie können Ihre Bereitschaft signalisieren, als Coach zur Verfügung zu stehen, aber die Entscheidung darüber, ob er gecoacht werden möchte, liegt beim Mitarbeiter selbst. Als Führungskraft haben Sie diese Entscheidung des Mitarbeiters zu akzeptieren. Machen Sie dem Mitarbeiter ein

Angebot und leiten Sie es gegebenenfalls durch ein Ritual ein – etwa dem Angebot, gemeinsam eine Tasse Kaffee zu trinken oder einen Spaziergang zu machen (»*walk and coach*«). Der Coachee hat dann die Wahl, entweder nur den Kaffee anzunehmen oder etwas Bewegung zu haben – oder eben, die Gelegenheit für ein Coaching durch Sie in Ihrer Funktion als Führungskraft zu nutzen. Ihr Mitarbeiter muss Coaching ganz bewusst erlauben. Ein »Zwangscoaching« ist kontraproduktiv!

2. **Rollenverständnis**
   Machen Sie sich klar, dass Sie als Führungskraft und Coach zwischen den Stühlen sitzen. Sie stehen im Spannungsfeld zwischen der Durchsetzung der Unternehmensinteressen und den Bedürfnissen Ihrer Mitarbeiter! Erlangen Sie Rollenklarheit und machen Sie sich bewusst, wann Sie Führungskraft und wann Sie als Coach gefragt sind. Wählen Sie sich eine klare Abgrenzungsstrategie aus, die zu Ihnen und Ihrem Arbeitsumfeld passt, damit Sie leichter vom »Boss-« in den Coaching-Modus wechseln können. Für jede dieser zwei Rollen brauchen Sie sprichwörtlich einen anderen Hut – und das muss sowohl Ihnen als auch Ihren Mitarbeitern klar und ersichtlich sein. Entwickeln Sie sich zum positiven Vorbild durch einen Coaching-orientierten Führungsstil und machen Sie sich klar, welche Anforderungen an Sie welche Rolle mit sich bringt. Als Coach vertreten Sie eine neutrale Position und eine unvoreingenommene Sicht der Dinge. Sie kommunizieren auf Augenhöhe und haben die Bedürfnisse Ihres Mitarbeiters im Fokus. Als Führungskraft haben Sie die Ziele des Unternehmens im Blick, befinden sich in einer hierarchischen und/oder fachlichen Führungsposition und die Beurteilung der Mitarbeiter ist eine zentrale Aufgabe. Als Führungskraft haben Sie mitunter Weisungsbefugnisse – und diese stehen im klaren Widerspruch zur Freiwilligkeit des Coachings. Die Rollentrennung zwischen Führungskraft und Coach ist anspruchsvoll. Es gibt keine einfache Management-Technik, die Sie anwenden können, um von einer Rolle in die andere zu schlüpfen! Wählen Sie den entsprechenden »Hut« ganz bewusst.
3. **Vertrauen**
   Damit Sie als Führungskraft auch Akzeptanz in Ihrer Rolle als Coach bekommen, ist es wichtig, dass Sie Vertrauen aufbauen zu Ihren Mitarbeitern. Sie brauchen ein hohes Maß an sozialer Intelligenz, Empathie und das »richtige Händchen« in der Gesprächsführung. Das wechselseitige Vertrauen zwischen Coach und Coachee bildet die wichtigste Grundlage für jedes Coaching und ganz besonders für das Coaching durch Sie als Führungskraft. Falls Sie als Führungskraft über die entsprechende Coaching-Qualifikation verfügen, ist Ihr Coaching nicht nur

auf Fachthemen begrenzt, sondern bezieht verhaltensbezogene Inhalte mit ein. Daher ist es sehr wichtig, dass Sie über das nötige Fingerspitzengefühl im Umgang mit Ihren Mitarbeitern verfügen und eine wertschätzende Grundhaltung haben. Sie müssen Ihre Mitarbeiter richtig einschätzen können, um ihnen hilfreiches Feedback zu geben und ein echter Sparringspartner werden. Der Mitarbeiter muss darauf vertrauen können, dass es Ihnen nicht darum geht, ihn mit seinen Schwächen zu konfrontieren, sondern dass im Fokus steht, die Stärken des Mitarbeiters zu betonen, um sein Entwicklungspotenzial in der Position und damit auch im Unternehmen zu ergründen. Sie müssen sich dem Coachee als zuverlässiger Partner auf Augenhöhe präsentieren, denn Verlässlichkeit ist die Grundvoraussetzung für Vertrauen. Das heißt, Sie müssen Ihr Handwerk beherrschen – sowohl in Ihrer Rolle als Führungskraft als auch vor allem in Ihrer Rolle als Coach!

4. **Struktur/Vereinbarungen/Regeln**
   Coaching braucht Regeln und Vereinbarungen zwischen Ihnen als Coach und Ihren Coachees. Es muss ganz klar ersichtlich sein, wann Sie in welcher Rolle sind – inklusive des entsprechenden räumlichen Rahmens. Das heißt, Sie müssen dafür sorgen, dass Sie in Ihrem Coaching nicht gestört werden, genug Ruhe und ein entspanntes Ambiente haben. Die berufliche Relevanz steht beim Coaching Ihrer Mitarbeiter im Vordergrund, damit geht es vorrangig um das Anliegen Ihres Mitarbeiters in seinem speziellen Fachbereich.
   Legen Sie gemeinsam mit Ihrem Coachee bestimmt Dinge fest – wie z. B. den Grad der Offenheit oder Direktheit, den Sie im Coaching anwenden wollen. Ist der Coachee bereit und stark genug für »schwierige Fragen«? Werden Themen offen angesprochen oder müssen bestimmte Themen ausgegrenzt und ggf. durch einen externen Coach behandelt werden? Trennen Sie im Coaching ganz klar die Aufgaben vom Mitarbeiter. Als Führungskraft fokussieren Sie sich auf die Aufgaben, aber als Coach stellen Sie den Mitarbeiter mit seinen Interessen und Bedürfnissen in den Fokus. Legen Sie gemeinsam mit dem Coachee die »richtige« Coaching-Umgebung fest und bleiben Sie bei Ihren Ritualen. Sinnvoll ist ein »neutrales« Terrain, an dem Sie sich als Coach und Ihr Mitarbeiter als Coachee gleichermaßen wohlfühlen, denn Coaching bedarf einer Coaching-Umgebung! Definieren Sie die Themen, die Sie im Coaching mit dem Mitarbeiter behandeln wollen. Als Coaching-Anlass eignet sich vor allem, wenn Sie Mitarbeiter haben, die neu anfangen, eine neue Aufgabe bekommen und eingearbeitet werden müssen. Ein weiterer Anlass für ein Coaching von Ihrer Seite als Führungskraft ist es,

wenn der Mitarbeiter in seiner Position Schwierigkeiten hat oder aus eigenem Antrieb auf Sie zukommt und um ein Coaching bittet.

5. **Fragen**

   Coaching lebt von Fragen, die Sie als Coach Ihrem Coachee stellen. Das bedeutet aber eben auch, dass Sie als Coach – anders als in Ihrer Funktion als Führungskraft! – Ihrem Coachee keine fertigen Lösungen oder eigenen Vorschläge präsentieren, sondern durch gezielte Fragen Ihren Coachee dazu bringen, sich selbst Antworten zu geben. Als Coach spiegeln Sie Ihren Coachee und sind ein neutrales Medium und Werkzeug. Verzichten Sie auf (gut gemeinte) Ratschläge und üben Sie sich stattdessen darin, die richtigen Fragen zu stellen. Um den Coaching-Erfolg möglich zu machen, stellen Sie Ihrem Coachee nach Möglichkeit offene Fragen und geben Sie Ihre Sicht der Dinge wieder:
   - Was ist passiert? (Report)
   - Was würden Sie beim nächsten Mal anders machen? (Alternativen)
   - So habe ich es erlebt. (Feedback)
   - Was sehen wir unterschiedlich? (Austausch)
   - Was sind die nächsten Schritte? (Lösung/Aktionsplan)

6. **Wahrnehmungsfähigkeit und Selbstreflexion**

   Sie wissen, dass es Ihre Aufgabe ist, als Coach gut zuzuhören und zu hinterfragen, was Sie gehört haben. Schulen Sie Ihre Wahrnehmungsfähigkeiten und lernen Sie, selbst in den Spiegel zu schauen, um Ihre eigenen Ansichten, Ihr eigenes Tun kritisch zu beleuchten.

   Es ist in diesem Zusammenhang wichtig, dass Sie als Coach Ihre Rolle konsequent hinterfragen, um zu prüfen, in welcher Rolle Sie sich gerade befinden und mit welcher Situation sich Ihr Coachee konfrontiert sieht. Fragen Sie sich selbst Folgendes:
   - Welchen Hut habe ich gerade auf?
   - Gebe ich ungebetene Ratschläge?
   - Gebe ich Anweisungen oder Informationen?
   - Delegiere ich oder gebe ich Ziele vor?
   - Sage ich gerade, wo es langgeht? Übernehme ich die Führung?
   - Habe ich eine vorgefertigte Meinung?
   - Beziehe ich Stellung?
   - Spreche ich Werturteile und Einschätzungen aus?
   - Wie stellt sich die Situation aus Sicht meines Coachees dar?
   - Welche anderen Perspektiven gibt es noch?
   - Welche Verhaltensweisen beobachte ich an meinem Coachee?

8.3.3 Interviews mit Führungskräften

Bernd Kirchen

MF & MJ: *Wie ist Ihre persönliche Haltung zu Coaching?*

BK: Ich finde es sehr wichtig, als Führungskraft Coaching in Anspruch zu nehmen, Davon kann eine Führungskraft sehr viel zehren. Ich hatte selbst Coaching – und habe dabei sehr viel gelernt und wende mein Wissen heute noch an! Tausche mich mit meinem Coach bis heute immer wieder aus. Es ist einfach wichtig, einen Sparringspartner zu haben, der einem den Spiegel vorhält, Impulse von außen gibt. Mir ist es auch wichtig, dass ich für meine Mitarbeiter ein Coach bin, der ihnen Tipps geben kann, sie an die Hand nimmt und bei ihren Touren dabei ist. Gerade im Verkauf ist es wichtig, sich immer weiterzuentwickeln und Tipps vom Profi annehmen zu können. Deshalb haben wir sowohl interne als auch externe Coachings.

MF & MJ: *Kann eine Führungskraft gleichzeitig auch als Coach für seine Mitarbeiter fungieren? Welche Erfahrung haben Sie damit schon gemacht?*

BK: Als Mentor und Sparringspartner, ja. Um einfach den Blick von außen aufzuzeigen, Tipps geben zu können, ein offenes Ohr zu haben und sein Wissen in die Gruppe zu transportieren. Es gehört aber auf jeden Fall viel Vertrauen dazu – weil die Mitarbeiter am Anfang oft befürchten, kontrolliert zu werden und sich nicht so öffnen. Aber wenn das Vertrauen da ist, dann geht es. Ich muss mir aber erst einmal das Vertrauen und den Respekt der Mitarbeiter verdienen, bis es wirklich klappt, dass ich auch als Coach akzeptiert bin und es positiv gesehen wird, als Chance. Ich lerne als Führungskraft ja auch von meinen Mitarbeitern.

MF & MJ: *Unternehmensinterne und unternehmensexterne Coachings – welche Optionen nutzen Sie in Ihrem Unternehmen? Gibt es bereits etablierte Prozesse oder vielleicht einen festangestellten Coach in Ihrem Unternehmen?*

BK: Die Führungskräfte haben bei uns im Unternehmen eine Art Einführungs-Coaching bei der Einarbeitung. Aber es gibt kein festes System, wonach es gezieltes Coaching gibt. Eher Trainings und spezielle Schulungen für Mitarbeiterentwicklung. Aber unsere Geschäftsführung ist offen dafür, wenn eine Führungskraft externes Coaching haben möchte und machen es dann auch möglich.

MF & MJ: *Bieten Sie Ihren Mitarbeitern und Führungskräften aktiv Coaching-Möglichkeiten an oder müssen diese aktiv eingefordert werden?*

BK: Dadurch, dass ich selbst einen tollen Führungscoach hatte, auf den ich heute noch zugreifen kann, bin ich dem Thema auch meinen Mitarbeitern gegenüber sehr offen. Wobei es dann mehr internes Coaching ist und weniger externes Coaching. Aber als Führungskraft habe ich die Möglichkeit, ein externes Coaching in Anspruch zu nehmen – und nutze sie auch gerne. Weil es manchmal doch wichtig ist, den Spiegel vorgehalten zu bekommen, Fragen gestellt zu bekommen und sich dann einfach mit bestimmten Dingen und Themen auseinanderzusetzen. Von alleine kommt man nicht immer darauf …

Prof. Dr.-Ing. Helmut Klausing

MF & MJ: *Wie ist Ihre persönliche Haltung zu Coaching?*

HK: Coaching hat viele Facetten. Wenn Sie als wirkliche Führungskraft Coaching haben – ein gutes, das auch »wehtut« – dann ist es etwas sehr Gutes! Weil Sie als Führungskraft auch gewisse Defizite aufgezeigt bekommen. Leider ist der Begriff »Coaching« so ein »Puddingbegriff« geworden. Aber wenn es »echt« und gut ist, geht es in der Führung nicht ohne Coaching. Sie brauchen einen Sparringspartner, wenn Sie mit Menschen arbeiten wollen. Und dieser Sparringspartner muss ein Profi sein – und den Finger in Wunden legen können, um die Persönlichkeitsstruktur des Menschen zu erreichen. Auch meine Familie coacht mich in gewissem Sinne. Aber Coaching ist natürlich kein Allheilmittel, mit dem man sich freikaufen kann davon, verantwortlich zu sein.

MF & MJ: *Kann eine Führungskraft gleichzeitig auch als Coach für seine Mitarbeiter fungieren? Welche Erfahrung haben Sie damit schon gemacht?*

HK: Nein! Nicht im Sinne von Coach. Nur im Sinne von Vorbild, wegen mir auch als Kummerkasten. Ich bin auch kein Fan von Duzerei. Sie können mit Mitarbeitern sehr vertrauensvoll reden, wenn Sie beim Sie bleiben. Als Coach habe ich als Führungskraft einen zu großen Konflikt – ich bin dem Mitarbeiter hierarchisch überstellt. Da kann ich nicht coachen. Denn im Coaching muss sich der Mitarbeiter öffnen – das kann er aber nicht dem Vorgesetzten gegenüber. Selbst, wenn der Vorgesetzte es »anständig« macht – der Mitarbeiter wird nie seine ureigenen Defizite offenlegen. Außerdem gerät mein Team in Schieflage – denn, wenn ich einen Mitarbeiter coache und den anderen nicht, dann gibt es böses Blut. Ein Chef kann kein Coach sein! Der Mitarbeiter wird dem Chef eher etwas vorspielen, als sich auf echtes Coaching einzulassen. In einer direkten Abhängigkeitsbeziehung kann ich niemanden weiterentwickeln.

MF & MJ: Unternehmensinterne und unternehmensexterne Coachings – welche Optionen nutzen Sie in Ihrem Unternehmen? Gibt es bereits etablierte Prozesse oder vielleicht einen festangestellten Coach in Ihrem Unternehmen?

HK: Es ist m. E. besser, Coachingprogramme mit Externen zu machen. Internes Coaching ist nichts anderes wie ein Assessment und das hat immer einen sehr engen Bezug »zur Personalakte« – und damit hat es ein Geschmäckle. Der externe Coach hat die Verschwiegenheitsklausel und nichts aus dem Coaching wird an HR oder einen Vorgesetzten weitergeleitet. Das gibt Sicherheit und erzeugt echtes »sich-darauf-einlassen«.
In der GPM haben wir ein Werteteam, das aus eigenen Mitarbeitern besteht. Wir sind der erste und einzige Verband, der so etwas hat. Jeder Mitarbeiter musste aus einem Wertekanon von 100 Werten sagen, welche Werte er hat und wie er das Unternehmen sieht. In jeder Besprechung haben wir einen Wertecoach, der das Meeting unter dem Werte-Gesichtspunkt betrachtet und danach auch ein Feedback gibt. Das ist schon ein »Spiegel vorhalten« – und sehr hilfreich für den Umgang mit den Mitarbeitern. Auch das ist eine Art von Coaching, dass ich mich nicht nur vor die Mitarbeiter stelle, sondern ganz klar Stellung beziehe, was geht und was nicht geht, wertetechnisch. Aber wenn es um Persönlichkeitscoaching geht, dann funktioniert es meiner Meinung nach nur mithilfe von externen Profis – denn der Coach muss auch zum Mitarbeiter passen, die Chemie muss stimmen.

MF & MJ: Bieten Sie Ihren Mitarbeitern und Führungskräften aktiv Coaching-Möglichkeiten an oder müssen diese aktiv eingefordert werden?

HK: Mitarbeiter dürfen gerne auf mich zukommen, dann suchen wir gerne auch gemeinsam nach dem »richtigen« Coach. Aber ich drücke keinem Coaching auf – denn das würde nichts bringen. Es hängt natürlich auch immer vom Kostenfaktor ab – aber als Vorgesetzter bin ich offen dafür, wenn ein Mitarbeiter zu mir kommt und Coaching einfordert. Aber wir machen jetzt nicht konkret Werbung für Coaching oder haben vorgefertigte Programme. Wir sind uns bei der GPM aber bewusst, dass Coaching viel bringt. Gerade auch in Projekten ist Coaching mitunter hilfreich – auch in der Gruppe. Denn Coaching gibt es ja nicht nur in der Einzelvariante. Viele Mitarbeiter sehen das auch sehr, sehr positiv.

Mirjam Weber

MF & MJ: Wie ist Ihre persönliche Haltung zu Coaching?

MW: Coaching ermöglicht es, sich und sein Handeln kritisch zu betrachten und Veränderungen aktiv herbeizuführen. Nur wer sich selbst reflektiert, kann auf die Bedürfnisse der Aufgabe sowie von Mitmenschen eingehen. Das macht in meinen Augen eine gute Führungskraft aus.

MF & MJ: Kann eine Führungskraft gleichzeitig auch als Coach für seine Mitarbeiter fungieren? Welche Erfahrung haben Sie damit schon gemacht?

MW: Selbstverständlich! Mitarbeiter wollen Handlungsfreiheit. Eine Führungskraft hat neben der Führungsaufgabe auch die Rolle eines Coaches. Nämlich, die Mitarbeiter auf ihrem Weg zu begleiten und durch Fragen Entwicklungs- und Leistungsvermögen zu steigern.

MF & MJ: Unternehmensinterne und unternehmensexterne Coachings – welche Optionen nutzen Sie in Ihrem Unternehmen? Gibt es bereits etablierte Prozesse oder vielleicht einen festangestellten Coach in Ihrem Unternehmen?

MW: Beides ist sinnvoll; beides sollte, falls noch nicht vorhanden, standardmäßig eingeführt werden. Coachings ermöglichen es hierarchieunabhängig, Beziehungen, Kommunikation und Verhalten näher zu beleuchten.

Frank Peplinski

MF & MJ: *Wie ist Ihre persönliche Haltung zu Coaching?*

FP: Coaching hilft bei der objektiven Außensicht.

MF & MJ: *Kann eine Führungskraft gleichzeitig auch als Coach für seine Mitarbeiter fungieren? Welche Erfahrung haben Sie damit schon gemacht?*

FP: Ja, den Entwicklungsprozess der Mitarbeiter zu fördern ist m. E. eine Art des Coachings und sollte im Rahmen eines regelmäßigen Entwicklungsdialogs stattfinden.

MF & MJ: *Unternehmensinterne und unternehmensexterne Coachings – welche Optionen nutzen Sie in Ihrem Unternehmen? Gibt es bereits etablierte Prozesse oder vielleicht einen festangestellten Coach in Ihrem Unternehmen?*

FP: Es gibt Coaching – in welchem Umfang vermag ich noch nicht zu sagen.

MF & MJ: *Bieten Sie Ihren Mitarbeitern und Führungskräften aktiv Coaching-Möglichkeiten an oder müssen diese aktiv eingefordert werden?*

FP: Es gibt Förderprogramme, die ein Coaching enthalten, ansonsten muss Coaching angefordert werden.

Thomas Michael Müller – jetzt mit voller Kraft voraus

Thomas Michael Müller ist, wie Sie ja wissen, »nur« eine fiktive Person. Und trotzdem ist er in Ihrer Fantasie – hoffentlich – lebendig geworden und Sie möchten wissen, was aus der Person, die Sie durch das ganze Buch begleitet hat, geworden ist. Nun, hier ist das Fazit, dass er rückblickend aus seiner intensiven Auseinandersetzung mit den acht Futureskills gewonnen hat:

Thomas Michael Müller hat seine Hausaufgaben gemacht und sich mit allen acht Futureskills umfassend beschäftigt! Er hat sich dabei rückblickend in einen Entwicklungsprozess begeben, den er in dieser Form absolut nicht erwartet hat. Thomas Michael Müller ist zu einer Führungskraft geworden, die sich selbst nicht nur neu erfunden hat, sondern er hat dabei auch noch sein direktes Umfeld verändert.

Was war geschehen: Thomas Michael Müller hatte nach tiefgehender Recherche zu den einzelnen Futureskills an entsprechenden Trainings teilgenommen, um sich als Führungskraft fit zu machen. Hier lernte er nicht nur inhaltlich, sondern erschuf sich auch ein wertvolles Netzwerk mit den anderen Trainingsteilnehmern, die sich ebenfalls auf das Abenteuer »Futureskills« eingelassen hatten. Mit einem Coach an seiner Seite konnte er so das hier Erlernte immer wieder im gemeinsamen Sparring für seine beruflichen Themen nutzen, so dass es ihm nachhaltig in Fleisch und Blut übergehen konnte.

Seine Mitarbeiter bemerkten schon nach kurzer Zeit eine Veränderung ihres Vorgesetzten. Und mit seiner Veränderung begann sich auch sein Umfeld zu verändern. Sein Team war viel motivierter, offener und alle hatten plötzlich sehr interessante Ideen. Thomas Michael Müller fragte sich, ob das vorher schon so war, aber seine Mitarbeiter sich einfach nicht getraut hatten, offen über ihre Ideen zu sprechen, oder ob seine »Transformation« auch das Team transformiert hatte. Das veränderte Führungsverhalten und die positive Entwicklung des gesamten Teams sprach sich im Unternehmen herum. Thomas Michael Müller erhielt interne Bewerbungen, vor allem von jüngeren Mitarbeitern, die gerne in seinem Team arbeiten wollten.

Als Thomas Michael Müller die Verantwortung für ein neues innovatives und sehr erfolgskritisches Projekt erhielt, war das für ihn ein Signal, dass er auf dem richtigen Weg sei. Er war sichtbar im Unternehmen geworden – bis hin zur obersten Geschäftsleitung. Nun fragte sich niemand mehr: »Wer, bitteschön, ist Thomas Michael Müller?«. Auch die von ihm initiierten WOL-Circles, die unternehmensintern gestartet waren, sorgten für viel Aufmerksamkeit und führten zu einem internen Zusammenwachsen. Die Atmosphäre innerhalb der bereichsübergreifenden Projektteams hatte sich spürbar geändert – es war ein vertrauteres, motivierendes Miteinander. Das frühere »Silo-gegen-Silo Agieren« war Geschichte.

Thomas Michael Müller freut sich sehr über seine eigene Entwicklung und auch über das, was sich alles in seinem Umfeld verändert hat. »When a flower doesn't bloom, you fix the environment in which it grows, not the flower« (Alexender den Heijer) hatte er kürzlich gelesen, und er hat ja bereits begonnen zu blühen.

Unsere Interviewpartner

Wir möchten uns noch einmal ganz herzlich bei unseren Gesprächspartnern bedanken. Mit ihrer Offenheit bei den Interviews haben sie tiefe Einblicke in einen großen Erfahrungsschatz gewährt und unseren Lesern damit die Möglichkeit eröffnet, wertvolle Erkenntnisse zu gewinnen. Wir haben es dabei unseren Interviewpartnern freigestellt, zu welchem bzw. zu welchen unserer acht Futureskills sie uns Rede und Antwort stehen möchten und freuen uns sehr über die von ihnen getroffene Auswahl! An dieser Stelle möchten wir unseren interviewten Führungskräften gerne die Gelegenheit dazu geben, sich kurz selbst vorzustellen.

Jens Apelt
Ich bin Geschäftsführer der CREOS Deutschland GmbH, einem Energieversorger. Als langjährige Führungskraft weiß ich – du musst ein Teamleader sein, der die Fähigkeit zu Empathie hat. Je komplexer die Welt wird, desto mehr muss man als Führungskraft fit im Denken sein – aber ohne ein super Team bringt einem der ganze IQ gar nichts! Für das vorliegende Buch habe ich mich dazu entschieden, die beiden Themen **Selbstmanagement** und **Fehlerkultur** zu behandeln, obwohl alle der hier aufgeführten acht Futureskills sehr wichtig sind – das Gesamtpaket ist entscheidend!

Prof. Dr.-Ing. Annett Großmann
Ich bin Professorin an der Hochschule Heilbronn und unterrichte Betriebsorganisation, Qualitätsmanagement, Führung und andere spannende Fächer. Davor habe ich Maschinenbau studiert, zum Dr.-Ing. promoviert, viele Jahre in den USA und in Deutschland gelebt und gearbeitet. Als Mutter zweier Kinder weiß ich, dass es im Leben beruflich sowie privat darauf ankommt, neugierig und flexibel zu bleiben, verbunden mit Fleiß, Durchhaltevermögen und Zielstrebigkeit. Gerne habe ich für das Buch die Interviewfragen zu den Bereichen **Selbstmanagement** sowie **Change und Transformation** beantwortet.

Anja Hemmersbach
Ich bin Principal der KPS AG. Mir ist es wichtig, im richtigen Umfeld zu arbeiten und authentisch zu sein bei dem, was ich mache. Mein Arbeitgeber gehört zu den besten Unternehmensberatungen im SAP-Umfeld und ich bin verantwortlich für Mitarbeiter und Kollegen in meinem fachlichen Umfeld. Ebenso gehört die internationale Projektarbeit und Konzeptionierung von Lösungen zu meinem Aufgabengebiet.

Als Führungskraft sind mir die beiden Themen **Selbstmanagement** und **Motivation** besonders wichtig, deshalb habe ich gerne die Interviewfragen zu diesen beiden Futureskills beantwortet.

Alexander Herm
Ich bin Betriebswirt VWA und seit über 25 Jahren im Vertrieb, davon ca. 20 Jahre in leitender Position für zumeist kleinere bis mittlerere Teams. Ich habe in unterschiedlichsten Branchen Erfahrungen sammeln dürfen, darunter in der Elektronik-, der Automobil- und der Rüstungsindustrie sowie im Markt für Consumer Elektronik. Aktuell leite ich die deutsche Niederlassung eines US-amerikanischen Distributionsunternehmens im Bereich elektromechanischer Bauteile für die Industrie, Rüstung und Weltraumanwendungen. Als Führungskraft sind mir die beiden Bereiche **Selbstmanagement** und **Kommunikation** sehr wichtig, deshalb habe ich hierzu auch gerne die Interviewfragen beantwortet und hoffe, es hilft weiter!

Axel Manøe Jepsen
Ich bin General Director und Managing Director bei R&D A/S in Dänemark. R&D ist ein internationales Ingenieurunternehmen, das Wissen und schlüsselfertige Lösungen für Kunden aus unterschiedlichen Branchen liefert. Das Unternehmen hat 9 Niederlassungen weltweit und fast 200 Mitarbeiter aus 7 Nationalitäten. Ich bin zudem Vorstandsvorsitzender von Qubiqa A/S. Qubiqa ist ein weltweit operierendes Unternehmen, das maßgeschneiderte Logistiklösungen anbietet. Hauptsitz des Unternehmens ist Esbjerg, Dänemark. Derzeit beschäftigt Qubiqa knapp 230 Mitarbeiter. Führung in Dänemark heißt, Respekt muss verdient werden, also muss die Führungskraft immer sehr, sehr überzeugend sein. Es kommt sehr stark auf **Empathie** und **Sichtbarkeit** an, genau deshalb habe ich im Interview Fragen zu diesen beiden Themen beantwortet.

Bernd Kirchen
Ich bin Gebietsverkaufsleiter bei einem führenden Hersteller von Backzutaten, Braumalzen und Aromen und leite ein größeres Team von Mitarbeitern im süddeutschen Raum. Ohne Motivation und Selbstmanagement geht es dabei nicht. Und ohne Empathie könnte ich meinen Job nicht gut machen und würde meinen eigenen Ansprüchen nicht genügen. Sich immer wieder Gedanken über die eigene Führungsrolle zu machen gehört für mich auf jeden Fall dazu. Ich habe den Autorinnen gerne zu den Themen **Motivation** und **Coaching** Rede und Antwort gestanden.

Prof. Dr.-Ing. Helmut Klausing
Ich bin seit Januar 2016 Präsident der GPM Deutsche Gesellschaft für Projektmanagement e.V. Nach meinem Studium der Elektrotechnik und Promotion sowie Stationen als Projektleiter war ich leitender Angestellter bei der Siemens AG und der EADS Deutschland GmbH. Ich hatte dabei Geschäftsverantwortung über mehrere Standorte im In- und Ausland auf den Gebieten Verkehrstechnik, Mobilkommunikation und Luftfahrt. Von 2006 bis Ende 2015 war ich stellv. Vorstandsvorsitzender des VDE Verband der Elektrotechnik Elektronik Informationstechnik e.V. Ich lehre zudem als Honorarprofessor »Innovationsmanagement und Industrieprozesse« am Karlsruher Institut für Technologie. Empathie ist für mich als Führungskraft ganz wichtig, gleich danach kommt aber schon die Motivation. Ich habe zudem gelernt, wie sehr es auch auf Selbstmanagement ankommt, um gut zu sein in dem, was man tut. Sehr gerne habe ich im Interview mit einer der beiden Autorinnen Fragen zu den Bereichen **Motivation** und **Coaching** beantwortet!

Katharina Krentz
Ich bin seit 2005 bei der Bosch Gruppe beschäftigt. Seit 2012 konzentriere ich mich auf das Thema New Work mit Fokus auf Methoden zur virtuellen Zusammenarbeit, der Mitarbeitervernetzung und dem kulturellen Wandel und unterstütze die Bosch Gruppe weltweit in der digitalen Transformation. Auch extern bin ich im Nebenberuf mit »Katharina Krentz – Connecting Humans« als Beraterin, Speakerin, Begleiterin und als zertifizierter WOL Coach gefragt und wurde für meine Arbeit kürzlich mit dem Digital Female Leader Award in der Kategorie New Work 2019 ausgezeichnet. Interviewfragen habe ich zu meinem Herzensthema **Sichtbarkeit** beantwortet und zu **Change und Transformation**.

Jan Morgenstern
Ich bin Geschäftsführer der MORGENSTERN Rechtsanwaltsgesellschaft mbH in Speyer, Rechtsanwalt und Fachanwalt für IT-Recht. Unsere Kanzlei ist keine gewöhnliche Kanzlei, denn bei uns arbeiten keine gewöhnlichen Personen. Das Team besteht aus jungen und motivierten Mitarbeitern, die jeden Tag aufs Neue mit ihren Leistungen überzeugen möchten – egal in welcher Position. Als erfahrene Führungskraft weiß ich, dass der Blick in den Spiegel wichtig ist. Nur eine Führungskraft, die motiviert und empathisch ist, ist auch eine gute Führungskraft. Aus den Themen für das Interview habe ich mich für **Kommunikation** und **Empathie** entscheiden – obwohl alle anderen Skills natürlich selbstredend gleichermaßen wichtig sind!

Thomas Mück

Ich bin Leiter der Akademie WÜRTH. Nach meinem Studium zum Wirtschaftsingenieur Fachrichtung Maschinenbau an der Solent University (Southampton, UK) war ich in verschiedenen Qualitätsmanagementfunktionen in Unternehmen tätig. Prozessmanagement sowie die Weiterentwicklung von Management- und Organisationssystemen standen hier immer im Vordergrund. Dabei spielen Haltung, Führung und Changemanagement eine entscheidende Rolle. Ich bin der Auffassung, dass wir heute Führungskräfte explizit ausbilden müssen! Auch als eigenes Berufsbild! Eine Führungskraft braucht Fähigkeiten und Fertigkeiten, um Menschen führen zu können, das muss ganz gezielt vermittelt werden. Ohne die richtigen Skills geht das nicht. Und ohne Empathie auch nicht. Deshalb freut es mich, dass genau diese Skills hier angesprochen werden und ich die Gelegenheit hatte, zum Thema **Empathie** interviewt zu werden!

Frank Peplinski

Ich bin als Projektleiter bei der »besten Bahn der Welt«, der Schweizer Bahn tätig. Aktuell bereite ich das größte Business Transformationsprojekt der SBB mit vor. Nach vielen Jahren als Führungskraft in Deutschland erlebe ich das Thema seit 2018 aus den Augen des »Wahl-Schweizers«. Gerne habe ich mich im Rahmen des Interviews mit den Bereichen **Fehlerkultur** und **Coaching** beschäftigt, weil es etwas damit zu tun hat, die Herausforderung des eigenen Lebens aktiv zu meistern und eine objektive Außensicht zu bekommen.

Lorenzo Scibetta

Ich habe es als einer der wenigen Speaker, Autoren und Musiker in kürzester Zeit auf die bekanntesten Bühnen Deutschlands geschafft. Ich helfe den Menschen dabei, ihre Botschaft zu entwickeln und diese emotional und wirkungsvoll zu transportieren, damit sie wie ein Ohrwurm in den Köpfen und Herzen der Menschen bleibt. Als der »Leadermacher« und einer der »polarisierendsten, nahbaren und berührendsten Public-Speaker Deutschlands« konnte ich bereits mehr als 15.000 Menschen in meinen Seminaren und Vorträgen zu StageLeadern entwickeln und begleiten – darauf bin ich zu Recht stolz! Gerne stand ich den Autorinnen für die beiden Futureskills **Empathie** und **Motivation** zur Verfügung, weil es meiner Meinung nach extrem wichtige Themen sind, mit denen sich jede Führungskraft auseinandersetzen sollte.

Frank Schallner

Ich bin leitender Angestellter bei Bosch. In den letzten 15 Jahren habe ich 10.800 Mitarbeiter geführt. Unter den geführten Personen waren angelernte Mitarbeiter ebenso wie promovierte Fach- und Führungskräfte. Ich habe den Autorinnen gerne Fragen zum Futureskill **Change und Transformation** beantwortet, weil meiner Meinung nach gerade in Zeiten der Veränderung Führungskompetenzen zum Tragen kommen müssen. Hier zeigt sich, wer führen kann – und wer eben auch nicht.

Daniel Stumpf
Als Vize-Präsident der GPM Deutsche Gesellschaft für Projektmanagement e. V. bin ich der sog. »Innenminister« (vgl. COO). Der Präsident ist der »Außenminister« (oder auch CEO). Ich bin Diplom-Germanist (Schwerpunkt Deutsch als Fremdsprache). Nach der Ausbildung hatte ich verschiedene Leitungsfunktionen (kaufmännische Leitung, Operational Management) bei Schulungsanbietern (IT und Projektmanagement) und Zertifizierungsstellen. Den vorliegenden acht Futureskills eine Präferenz zu geben, fällt schwer, denn oft bedingt ein Skill das andere! Für das Interview habe ich mich für die beiden Themen **Empathie** und **Change und Transformation** entschieden und gerne die Fragen beantwortet – nach bestem Wissen und Gewissen!

Jessica Telschow
Ich bin bei der Robert Bosch GmbH als Abteilungsleiterin für SAP FI Roll-outs (betriebswirtschaftlich) global verantwortlich. Mein Team ist weltweit aufgestellt und wird in unterschiedlichster Zusammensetzung in verschiedenen Projekten eingesetzt. Für das Buch habe ich gerne Fragen zu den beiden Futureskills **Kommunikation** und **Fehlerkultur** beantwortet.

Mirjam Weber
Mit Leidenschaft, Humor und Strategie arbeite ich seit Jahren im Kommunikationsmarketing. Dabei ist mir die Ansprache der Menschen mit ihren Bedürfnissen, ob in Richtung Zielgruppe oder im Rahmen der internen Unternehmenskommunikation, besonders wichtig. Veränderte Bedingungen ermöglichen große Chancen, sowohl in der emotionalen Marketingkommunikation als auch in der Mitarbeiterführung. Als Marketingleiterin der Bundesgartenschau Heilbronn 2019 konnte ich zeigen, dass emotionale Themen in Verbindung mit konsequent strategischem Vorgehen sehr erfolgreich sein können. #bugazwerg

Ich habe im Interview die beiden Bereiche **Selbstmanagement** und **Coaching** gewählt, weil beide Futureskills für mich besonders wichtig sind und für eine Führungskraft unbedingt dazugehören.

Abbildungsverzeichnis

Literatur und Links

Bücher:

Appelo, J., Managing für Happiness, Vahlen, 2016

Berninger-Schäfer, E., Digital Leadership. Die Digitalisierung der Führung, EDITION managerSeminare, 2019

Bertagnolli, F., Lean Management, Einführung und Vertiefung in die japanische Projektmanagement Methode, Springer Gabler Verlag, 2018

Birkenbihl, V. F., Kommunikationstraining, mvg Verlag, 2018

Borgert, S., Die Irrtümer der Komplexität. Warum wir ein neues MANAGEMENT brauchen, Gabal Verlag, 2015

Botta, C., Reinold, D., Schloss, B., Business Visualisierung. Ein Reiseführer für Neugierige und Visionäre, mind.any Verlag, 2018

Britt, M. A., Psychologische Experimente – 48 Theorien im Praxistest, Anaconda Verlag, 2017

Buhr, A., Feltes, F., Revolution? Ja, bitte! Wenn Old-School-Führung auf New-Work-Leadership trifft, Gabal Verlag, 2018

Cabane, O. F., Das Charisma Geheimnis, mvg Verlag, 2014

Damasio, A., Descartes' Irrtum. Fühlen, Denken und das menschliche Gehirn, List, 1994

Damasio, A., Ich fühle, also bin ich – die Entschlüsselung des Bewusstseins, List, 2001

Dollinger, A., Fehse, K., Haasis,K., VUCA. Komplexitätstrainings für Führende erfolgreich leiten. Der Seminarfahrplan, managerSeminare, EDITION Training aktuell, 2019

Dweck, C., Mindset: The New Psychology of Success, Ballantine books, 2006

Föhr, T., Moderationskompetenz für Führungskräfte. Methoden und Mindset für Meetings mit Partizipation, Eigenverantwortung und Kreativität, EDITION managerSeminare, Leadership kompakt & visuell, 2018

Fuhrmann, B., Stark führen: Aktivierend, effizient und wirkungsvoll agieren, Springer Gabler, 2017

Graßmann, C., Schölmerich, F. & Schermuly, C. C. (in press). The relationship between working alliance and client outcomes in coaching: A meta-analysis. *Human Relations*.

Greßer, K., Freisler, R., Agil und erfolgreich führen. Neue Leadership Kompetenzen: Mit einem agiilen Mindset und Methoden Ihre Führungspersönlichkeit entwickeln, EDITION managerSeminare, Leadership komplakt. 3. Auflage, 2018

Haufe, Wirtschaft und Weiterbildung, S. 21, 11/12 2016

Hauser, E., Coaching von Mitarbeitern, in: v. Rosenstiel L., Regnet, M., Domsch, M. E. (Hrsg.), Führung von Mitarbeitern – Handbuch für erfolgreiches Personalmanagement, S. 223 – 236, Schaefer, 1991

Kanfer, F. H., Reineker, H., Schmelzer, D., Selbstmanagement-Therapie, Springer, 2012

Kotter, J., Leading Change, Vahlen, 1996

Koukkou, M., Lehmann, D., Die Pathogenese der Neurose und der Wirkungsweg der psychoanalytischen Behandlung aus der Sicht des »Zustand-Wechsel-Modells« der Hirnfunktionen.

Nasher; J., Überzeugt – Wie Sie Kompetenz zeigen und Menschen für sich gewinnen, Campus, 2017

Niodusch, S., Projektleiter-Trainings erfolgreich leiten. Der Seminarfahrplan – Soft Skills für den Projektalltag, managerSeminare, EDITION Trainingaktuell, 2015

Nitsche, P., Bildsprache. Formen und Figuren in Grund- und Aufbauwortschatz, managerSeminare, EDITION Trainingaktuell, 2012

Reinhardt, K., Vom Wissen zum Buch. Fach- und Sachbücher schreiben., überarbeitete 2. Auflage, Huber Verlag, 2011

Roth, G., Das Gehirn und seine Wirklichkeit, Suhrkamp, 1996

Roth, G., Neurobiologische Grundlagen wirksamer Veränderungskonzepte, Klett-Cotta, 2016

Roth, G., Ryba; A., Coaching, Beratung und Gehirn, Klett-Cotta, 2019

Stepper, J., Working out Loud, Ikigai Press, 2015

Storch, M., Krause, F., Selbstmanagement – ressourcenorientiert, Verlag Hans Huber, 2017

Strelecky, J., The Big Five for Life, dtv, 2009

Links:

Die folgenden Internetquellen wurden am 20. März 2020 abgerufen.

https://www.innovations-report.de/html/berichte/studien-analysen/empathie-liegt-genen-145276.html

https://news.idw-online.de/2018/12/04/empathie-bei-fuehrungskraeften-zu-viel-einfuehlungsvermoegen-schadet-in-krisensituationen/

http://www.fehlerkultur.com/fileadmin/documents/LeseprobeErfolgsstrategieFehlerkultur_S1-26.pdf

https://www.bgw-online.de/DE/Arbeitssicherheit-Gesundheitsschutz/Aktionen-Kampagnen/kommmitmensch/Handlungsfelder-kommmitmensch/Fehlerkultur-Handlungsfeld/Handlungsfeld-Fehlerkultur-node.html

https://leanbase.de/publishing/leanmagazin/stress-sabotiert-veranderungen

https://www.leadership-insiders.de/transformationale-fuehrung/

https://leadership-insiders.de/transformation-als-singularitaetserfahrung/

https://www.capgemini.com/de-de/2019/12/invent-organizational-dexterity/

https://www.bildungsspiegel.de/news/personalfuehrung-planung-entwicklung/435-studie-zur-motivation-bei-fuehrungskraeften-gestaltungsfreiraum-macht-zufrieden

http://paedpsych.jku.at/cicero/LERNEN/LernenamModell.pdf

https://careersintheory.wordpress.com/2011/10/06/how-many-needs/

https://www.haufe-akademie.de/blog/themen/fuehrung-und-leadership/perspektiven-der-fuehrung-coaching-als-fuehrungsinstrument-nutzen/

https://wpgs.de/fachtexte/fuehrung-von-mitarbeitern/fuehrungskraefte-coaching/

https://www.coaching-magazin.de/fuehrung/die-fuehrungskraft-als-coach

https://coach-und-mentor.de/fuehrungskraeftecoaching/

https://www.bundesregierung.de/breg-de/aktuelles/der-chef-als-coach-468732

www.tagesspiegel.de/themen/reportage/berliner-start-up-einhorn-arbeiten-ohne-chefs-und-regeln/23974838.html

https://www.tageskarte.io/hotellerie/detail/hotel-zugspitze-legt-alle-geschaeftszahlen-fuer-mitarbeiter-offen.html

https://www.gruenderszene.de/karriere/careerfoundry-gehalt-transparenz

https://www.workpath.com/magazine/diese-fuenf-unternehmen-arbeiten-erfolgreich-mit-okrs/

https://app.handelsblatt.com/unternehmen/theshift/ork-methode-ziele-und-schluesselergebnisse-die-neuen-wunderwaffen-moderner-fuehrungskraefte/22965862.html

https://www.wb-fernstudium.de/kursseite/digital-leadership.html?referrer=H_BI_SK_0098182&msclkid=ca959d00d06c19f345fdc358333f4f8e&utm_source=bing&utm_medium=cpc&utm_campaign=0619_Technologiemanagement_DigitalLeadership&utm_term=digital%20leadership&utm_content=DigitalLeadership.Allgemein

https://www.dgfp.de/fileadmin/user_upload/DGFP_e.V/Medien/Publikationen/2012-2016/Digital_Leadership_Studie.pdf

https://www.zeit.de/arbeit/2018-08/fuckup-nights-scheitern-arbeit-beruf

https://viba-sweets.de/ueber-viba/geschichte/

https://www.youtube.com/watch?v=TroPBGOGyRQ

https://www.forschung-und-wissen.de/nachrichten/psychologie/nur-noch-24-prozent-der-arbeitnehmer-sind-auf-der-arbeit-motiviert-13372875 https://www.personalwirtschaft.de/fuehrung/change-management/artikel/change-management-studienvergleich-den-wandel-gestalten.html vom 28.02.201

https://journals.sagepub.com/doi/abs/10.1177/102986490601000205

https://www.fuehren-und-wirken.de/somatische-marker-wie-sie-ihr-emotionales-gedaechtnis-fuer-entscheidungen-nutzen/

https://lexikon.stangl.eu/1378/priming/

https://nlp-zentrum-berlin.de/infothek/nlp-psychologie-blog/item/der-priming-effekt

https://www.businessinsider.de/karriere/arbeitsleben/microsoft-fuehrt-einen-neuen-fuehrungsstil-mit-wachstums-mentalitaet-ein-2019-11/

https://onlinepunk.de/2019/02/21/warum-storytelling-so-wichtig-ist-und-wie-es-richtig-umgesetzt-wird/

https://www.newsaktuell.de/blog/was-geschichten-im-gehirn-bewirken/

https://www.mpg.de/451610/forschungsSchwerpunkt

https://www.stuttgarter-zeitung.de/inhalt.kommunikation-wie-sprache-macht-demonstriert.f4eae15b-9fd5-4585-a9cf-9d43126f5723.html

https://www.management-circle.de/blog/grundlagen-und-fuehrungsverstaendnis-von-lean-leadership/

http://www.selbstmotivation.info/extrinsische-motivation/

https://www.leadership-insiders.de/servant-leadership/

https://www.leadership-insiders.de/transformationale-fuehrung/

https://www.haufe-akademie.de/blog/themen/general-management/transformationale-fuehrung/

https://kops.unikonstanz.de/bitstream/handle/123456789/3954/gruppenstimmung.pdf?sequence=1

https://journals.sagepub.com/doi/abs/10.1177/102986490601000205

https://doi.org/10.1177/102986490601000205

https://www.leadership-insiders.de/transformationale-fuehrung/

https://leadership-insiders.de/transformation-als-singularitaetserfahrung/

https://www.capgemini.com/de-de/2019/12/invent-organizational-dexterity/

https://www.forschung-und-wissen.de/nachrichten/psychologie/nur-noch-24-prozent-der-arbeitnehmer-sind-auf-der-arbeit-motiviert-13372875

http://www.selbstmotivation.info/intrinsische-motivation/grundmotive/

https://wpgs.de/fachtexte/motivation/leistungsmotivation-mcclelland-motivationstheorien/

https://www.bildungsspiegel.de/news/personalfuehrung-planung-entwicklung/435-studie-zur-motivation-bei-fuehrungskraeften-gestaltungsfreiraum-macht-zufrieden

http://paedpsych.jku.at/cicero/LERNEN/LernenamModell.pdf

https://careersintheory.wordpress.com/2011/10/06/how-many-needs/

https://www.researchgate.net/publication/261990782_Does_coaching_work_A_meta-analysis_on_the_effects_of_coaching_on_individual_level_outcomes_in_an_organizational_context

https://www.wegvisor.de/2019/09/das-geheimnis-um-den-roi-von-coaching/

https://www.presseportal.de/pm/62071/4193409

https://www.dbvc.de/home

https://www.coachingatlas.de/stiftung-warentest-coaching-ausbildungen/

https://www.coaching-magazin.de/wissenschaft/beziehungsqualitaet-im-coaching

https://www.dbvc.de/standards/coaches/kompetenzen

https://www.coaching-tools.de/freie-tools/rafael-methode-zur-gespraechsfuehrung.html

Die Autorinnen

Michaela Flick ist Trainerin, Coach und Leiterin der **IPS Akademie** (www.ips-akademie.de)
Sie hat langjährige Erfahrung im Projektmanagement. Seit mehr als 20 Jahren trainiert und coacht sie Fach- und Führungskräfte. Ihr Lebensmotto lautet: »Wir können zwar die Windrichtung nicht bestimmen, aber die Segel setzen, um den Wind richtig zu nutzen!«

Margareta Jäger ist CEO bei Jäger & Jäger, Systemischer Coach, Beraterin in Veränderungsprozessen und Trainerin (www.jaeger-consulting.com). Ihre Arbeitsschwerpunkte sind Individuelles Coaching, Futureskills-Trainings und Keynotes. Mit Leidenschaft und Humor begleitet sie Menschen, Teams und Organisationen in der Entwicklung ihrer Potenziale. Ihr persönliches Lieblingsfeedback: »Sie waren mein Gamechanger!«